闽味儿

沉洲 著

图书在版编目(CIP)数据

闽味儿 / 沉洲著. —北京 : 生活 · 读书 · 新知三联书店, 2021.9
(中国味)
ISBN 978 - 7 - 108 - 07106 - 4

Ⅰ. ①闽…　Ⅱ. ①沉…　Ⅲ. ①饮食 - 文化 - 福建
Ⅳ. ①TS971.202.57

中国版本图书馆 CIP 数据核字 (2021) 第 036382 号

责任编辑　刁俊娅
封面设计　刘　俊
出版发行　生活 · 讀書 · 新知　三联书店
　　　　　(北京市东城区美术馆东街 22 号)
邮　　编　100010
印　　刷　常熟市文化印刷有限公司
排　　版　南京前锦排版服务有限公司
版　　次　2021 年 9 月第 1 版
　　　　　2021 年 9 月第 1 次印刷
开　　本　880 毫米×1230 毫米　1/32　印张　8.25
字　　数　158 千字
定　　价　46.00 元

目录

山海之味

闽味儿的前世今生

（代序）

福建偏居东南一隅，山岭崎岖，江河纵横。八闽负山面海的地貌特征，形成相对封闭的地理单元，因此，历史上开化较迟。汉武帝灭闽越国后，曾经将闽越人悉数迁往江淮，虚闽地，残余土著自生自灭。西晋末年以降，北方游牧民族数次侵入中原，社会动荡，中原士族一次次迁徙避祸，南下入闽，民族自此融合，先进的农耕文明开始光照闽地。

饮食现状无疑能折射出一个地方文明的兴衰。闽都福州是闽菜的发源地，而作为闽菜旗帜的福州菜系，迟至清末方才雏形渐具。显而易见，闽菜汲取了南边粤菜和北边浙菜的营养，是在二者养分基础上绽放开来的异叶奇葩，进而跻身中国八大菜系之列，在烹坛园地中独居一席。

身为土生土长的福建人，我曾于20世纪80年代和本省文化界一帮朋友企图在外省同行面前对名声在外的闽菜如数家珍，结果说了佛跳墙、爆炒双脆，再凑上扁肉燕、鱼丸、鼎边糊这些个大众小吃，便纷纷卡壳了。较真起来，在八大菜系之一的庞大外延下，一时竟找不到更多的内涵可资填充。

深究其缘由，绕不开闽地特殊的地理情状。因为立地海防前线，福建自20世纪中叶开始鲜有投入和发展，经济文化均落后于其他沿海地区，吃喝之事自然兴盛不起来。因为闽菜使用的食材纯天然，野生稀有且不成规模，与众多山海食材相匹配的烹制方法繁多又费工耗时，端上宴席的盘菜价格自然不菲。上得了台面的闽菜，大多数人就没正儿八经吃到过。寡闻鲜见，道听途说，当然开不出什么菜单来。

福建境内山叠水重，路隘林深苔滑，当年交通条件简陋局促，捉襟见肘。翻山越岭颠簸进来了一些客人，把那些吃到嘴里不甚地道的闽菜概括为"酸酸甜甜，黏黏糊糊，汤汤水水"，一副"不过如此"的神态。调味品虾油更是让人诟病连天。那物的鲜腥味张牙舞爪，个性怪异，光是嗅其味已经让很多人受不了，更遑论吃进嘴里。如此一来，被视为"山里猴子"的福州人有口难辩，更是丧失了该有的自信。八闽域内也不见大张旗鼓的推介宣传，土得掉渣的闽菜在大众心里就这样式微了。

其实，20世纪80年代正值福州菜中兴之时，像这个世界上的许多事情一样，墙内开花墙外香，我们这些非业内人士统统都是"只缘身在此山中"。那几年里，福州的闽菜大师们北上钓鱼台国宾馆，主厨外国元首欢迎宴，南下港澳、东南亚地区，展演传播精湛厨艺，参加第一届全国烹饪技术竞赛……貌似不为人知的闽菜一次次力拔头筹，赢得满堂喝彩。当然，能竖起大拇指美誉连连的，都是那些认真品尝过正宗、地道闽菜的中外人物。

成也萧何败也萧何呀。

细究起来，地理环境的限制，正是闽菜后来居上、跻身八大菜系的底气之一。福建西北部横亘着高亢的武夷山山脉，其主峰黄岗山傲视华东。曾经，这道山脉抵挡住了第四纪冰川南下，使得福建全域动植物的种质资源非常丰富。境内八山一水一分田，山交海错，从山地、丘陵、盆地、河谷、台地、平原到港湾、半岛、岛屿，还有曲折绵长的海岸线、广袤无垠的蓝色田园，多样化的地貌形态，成为各种动植物恣意生长的天堂。浅海滩涂螺蚌蛏蛤，大江河湾鳞甲水族，山坳林间麂鹿獐兔，南部平原四时瓜果……这一切，构成了足以让人眼花缭乱的闽菜食材。

闽菜的骨架是由中原汉族文化和本土闽越文化架构而成，因为后起，它有时间兼取粤菜和浙菜之长。闽菜以烹制山珍海味著称，在色香味形俱佳的基础上，尤其以香和味见长，形成清鲜、醇和以及汤路广泛的独特风味。闽菜肇始于闽都福州，以福州菜为轴心，闽东、闽南、闽西、闽北、莆仙五地传统风味加盟，这样便勾画出了闽菜的世系图谱。

在全国各地菜系的参照下，八闽大地的饮食更像一帧挥洒飘逸、精巧淡雅的水墨画。如果说原汁原味的汤品是韵味十足的大背景，那么，剞花如荔、切丝如发、片薄如纸的刀工便是精巧的工笔小物件。煨菜佛跳墙浓墨重彩，那是闽菜家族里罕有的异数；还有闽派工夫茶，即便有名目繁多的讲究，那添加的也仅是一种仪式感和精神，最终还是热汤泡树叶，单纯清爽。

闽菜食材组成众多，用的通常都不是大众食材，还讲究地产。它不像鲁菜里的面食，也不像川菜中的水煮鱼和畜肉，可以通过便捷的运输推广、复制、普及，或从当地获取同类食材来攻城略地。闽菜赴异地烹饪表演或参赛，不光本土食材，时常连水都要桶装带去。譬如武夷岩茶，北方偏硬的水质肯定泡不出奇妙诱人的岩骨花香来。

正宗闽菜，强调食材来源地道。佛跳墙里的海参、瑶柱、花胶、花菇等一干物品，依照传统做法都有严格的产地选择；鸡汤汆海蚌的蚌，得来自福建漳港；淡糟香螺片的香螺，必须生长于长乐沿海，红糟则非要闽侯、古田出品才能让大厨心里踏实。其间还有首选与替代的灵活变通，突破底线必然会降低菜肴品质。唯其如此，才保证了薪火相传百年的口碑，同步甚至高于古人的饮食体验。如今，大众生活水平提高，市场需求旺盛，天然的野生食材日渐稀缺，养殖业如火如荼。闽厨们一直在与时俱进，寻求匹配的替代品，在传统基础上通过附加技艺取长补短，从而大体维持住了闽菜的纯正品质。

食材来路，无非陆上与水里，通过食材组成来细分闽菜的各种风味，恰好与闽东方言语系、闽南方言语系、客家方言语系的划界大体相一致。这个框架基本上把闽菜的主要菜肴囊括其间。

因为人生经历的缘故，在五十多年的生命历程里，从孩提时代果腹充饥到后来笑纳八方饮食，不经意间，我接触过不少菜肴，有极品也有家常，有的刻骨铭心，有的依稀在目。20世纪70年代中，我跟随工作调动的父母从内陆山区迁往沿海城市，求学和工作又定格在了省会，所做的工作还是走南闯北的性质。因此，这上下数十年来进过嘴的菜肴，在闽菜系统里有了很大的跨度。以这样的个人记忆体验来切入，选择有意思的山海食材，配以独特的烹调技巧，再从容讲述一道道菜肴和个体的交集，好像会更别致，更有温度，也更接地气。

近些年来，社会经济文化复兴，介绍菜品、烹饪技艺的书籍出版了不少，重复此道或需更扎实深厚的功力，显然不是我之所长。在大致能说清楚菜肴内容的前提下，强调对味与形的个人感受，再努力去追寻、窥觑和挖掘美食背后的文化意味，这是一个我喜欢的角度。闽菜食材富于地域性，身处各地的人可以通过对稀有食材的获取，认识它们，了解它们，增长动植物的知识，因为这些都是构成美食不可或缺的部分。譬如黄瓜鱼、海蚌、田鼠、福鼎芋的生长地域及其特性，讲起来也是趣味盎然。优秀的厨师总是能发现与张扬食材优点，进而选择与之相匹配的烹调技艺，创制出别具一格的滋味。

我们还可以揭秘某些饮食形成的历史原因。这常常是无心插柳的一种偶得，或者将错就错，历经时间的大浪淘沙，便堆积出了文化层。譬如，福州人尤其喜好酸甜口味，这与独特的地理、气候有何关系？擂茶、涮九品这些膳药兼济的菜肴,为何又是客家先民在南迁路上和日常劳作中的发明?而烧卖和米包子这一类非面皮的包馅食品,则烙有南迁士族对北方故土源远流长的乡愁印记。

通过过往的记忆来串联当下美食,在时光流淌中,我们感动于历代能工巧匠们的执着和坚守,也痛心于商品经济下诚信体系的迷途与走失——饮食行当不仅需要技艺,商家的良心也不可缺席。受大环境污染和滥捕滥杀波及,那些传统地道食材的情状每况愈下,越来越鲜见,以致接近珍稀。时事变迁,由此像多米诺骨牌一样,产生出一系列问题。濒危漳港海蚌的种质资源受到了妥善保护,却因此无法走向大众餐桌;地产香螺奇缺,只得改用次一级的红螺替代,而红螺的现状也令人担忧。倘若和国际接轨,净肉处理,把黄瓜鱼取鱼柳冰鲜,那全折瓜这道名菜存在百年的吉祥寓意将无从依附……

市场秩序不规范,以次充好大行其道,绿色养殖、特色养殖被低端的高产养殖绑架,那些方兴未艾的反季节大棚蔬菜,那些长盛不衰的滩涂养殖海田,那些黑压压、密匝匝的水产网箱……不遵循自然规律的强制丰产,对以追求原汁原味的闽菜而言必然是灾难。还有那快节奏下的大众流行食品、烙有异域文化色彩的"洋快餐"……中国曾经傲然世界的美食大厦,在这样的风吹雨淋日晒里,还能持续地美轮美奂下去吗?

孙中山先生在其《建国方略》一书中说:"我中国近代文明进化,事事皆落人之后,惟饮食一道之进步,至今尚为各国所不及。”一百年前，对积弱积贫的旧中国而言，这是一种让人苦笑的讥讽。然而今天，我们不能因为逐渐有了一点其他方面的技艺，就让饮食这一国粹在我们这一代人手里遗失，令自己成为新的历史罪人。

中国人已经丰衣足食、安居乐业了四十年，面对丰富有余而精致不足的食物，沾沾自喜只会耽误前程，我们有必要洞见瓶颈，时刻警醒。唯其如此，今人才可能与古人坐在同一张桌子前谈滋论味，华夏千年的烹饪技艺也才能继续绵延下去，让世界各地的人由衷地竖起大拇指。

水之鲜

活生生爬下餐桌

人类祖先从树上跳下，收起双手站立起来，后来还发现了火，从此吃上烤熟的食物，才进化到今天这个模样。可是，现代人却偏偏喜好生吞活剥，甚至茹毛饮血，这种嗜好有点返祖呀。当然，和食肉动物比，现代人的牙齿早已退化到毫无锋利可言，肠胃也远没有那么强悍的蠕动力，更无法承受腥膻，由此与动物彻底划清了界线。只是靠近大脑的那一小撮味蕾，至今还在做着原汁原味的春梦。

为了实现梦想，现代人盯上了那些肉质细腻润滑、口感脆嫩的鲜美食材。

几年前的春节，一拨朋友去南半球的塔斯马尼亚岛自驾游，其中一位学食品的同学沿途找寻生蚝，以食客姿态告诉我们："塔斯马尼亚是大洋洲抵达南极洲的最后一站，海水清冷，生蚝肥美，世界闻名。”最终，我们在海滩边的灌木丛旁发现一块蓝色铁牌，英文介绍的边上，有一个指向海边的箭头，还用白油漆涂出歪歪扭扭的“生蚝”两字，显然把业务做到了中国“吃货”头上。

那是一处水产养殖场。我们花十六澳元要来两打，摆上商务车掀起门的后厢。塑料托盘里盛着两排撬开壳的生蚝，外形基本相近，两三指宽，一只有一两多重。拇指和食指钳起切成块的柠檬，两头用力一捏，酸汁喷上水灵肥腴的蚝肉，大家一只只端起来，舌尖一顶，再轻轻一吸，清冽的汁液裹着蚝肉滋溜滑进嘴。树荫外灼阳高照，满腔冰爽、细腻、柔软、嫩滑、湿润、丰腴，奇妙感觉纷至沓来，含在嘴里的蚝肉还没容咬上两口，便像小朋友坐滑滑梯一般，慌不择路溜了下去。齿颊间，海洋的味道东突西窜，鲜得人直想手舞足蹈起来。

生食海鲜原来可以如此美妙和充满野性，感谢生活。后来看旅游书籍，老饕们说，塔斯马尼亚生蚝有一种类似青苹果的青涩甘美，而隔海相望的新西兰生蚝则带有哈密瓜的清香。还没完，这个世界上还有充满青瓜味和西瓜味的……

东南沿海的闽都人近水楼台，一直以来嗜好生食海鲜，海蜇皮和泥蚶是迄今不疲的选项。海蜇的构成大部分是水，热煮收缩变硬，也不易入味。把它从海里捞起，就用重盐腌渍脱水保鲜，干净卫生得很。泡清水稀释盐分后切成片，蘸佐料吃，马上可以捕获水嫩脆爽的口感。

生剥泥蚶，满腔丹汁。蚶富含红色素，被叫作血蚶。在闽都人眼里，补血就是补体，那可是人生第一要务。倘若入滚水里煮，壳开血尽，白惨惨的肉不但干柴难嚼，连浓郁的鲜甜美味也脱壳而去。好东西变成寡淡少味，闽都人全体不答应。

闽都人酷爱的血蚶是闽东七都蚶，拇指头大，有人给它取了个好听的名字叫珠蚶。洗去蚶壳上的海泥，清水养着吐尽细泥后，布满凹凸条纹的外壳，用刷子可以一直刷洗到白亮。一旦剥开，雪白的壳托着殷红的肉，瞥一眼，已经足以让你的舌根底下火速满潮。

很长一段时间里，我一直没找到烫血蚶的窍门。下锅前总是一再提醒自己，一定不能等到开壳，稍烫则起。每次读秒的过程中，看到滚水里的某一只蚶壳晃动欲开，连忙捞起，但出水血蚶依旧像春雨里的花瓣，按捺不住地渐次绽放，看得人心不甘情不愿。有个大年三十，不知怎么就开窍了，我无师自通，把血蚶装入焯瓢，悬于沸腾的铁锅上，另一手舀滚水往上浇，大约八九次后，血蚶壳微动时住手，终于修成正果。

历史上，中国的生食海鲜一定招惹过没完没了的官司。别看它鲜活生猛，却可能带有细菌、病毒和寄生虫。进入工业社会的今天，免不了还受到化学或重金属污染，甚至本身就可能含有降解不了的塑料微粒，简直就是一个带有导火索的炸药包。这些年来，除了那些产自清洁水域的象鼻蚌刺身、三文鱼刺身，尚以自身不菲的价格占着餐桌的一席之地，其余的那些蟹呀螺呀，已经一步步撤离了菜馆桌面。进入 21 世纪，闽都坊间餐桌原本热衷的生醉美食也踪迹鲜见，成为大家恋恋不舍的心结。

20 世纪 70 年代初期，闽都城里没有四处开花的房地产，住房边上就是田园。水网纵横的内河都不乏感潮河的样子，退潮时露出河边泥滩，那上面布满黑麻麻的小孔洞。我和小伙伴认真数过，每一个孔洞都住着一只小螃蟹，那厮用闽都话叫蟛蜞。它拇指大小，甲壳略呈矩形，细爪长着绒毛。我们趴在石桥上看它们的热闹，经常扔一块小石头下去，只在眨眼间，感觉泥滩整体晃动一下，和小孔洞同样多的蟛蜞，秋风里的落叶似的，全遁迹了。

有时，盯上一只块头大的，看它远离了洞口，便蹑手蹑脚靠近，用一根竹子插进洞内，离开后一跺脚，这受惊原路飞驰回巢的穴主便被卡在洞口，挖出来就成了大家的玩物。落雨前天气闷热时，因为气压低缺氧，蟛蜞统统会从洞里跑出来透气。我们学高年级孩子，拿竹竿穿根鱼线，在鱼钩上挂一片青菜叶，很快便有蟛蜞来吃。大家把钓上来的蟛蜞相比对，挑大的用细绳绑住，放地上让它们彼此斗螯。有时，蟛蜞火柴棍一样的眼睛竖起摆动，嘴中冒出泡沫，它的"主人"便会兴高采烈起来："我的蟛蜞煮饭啰。"长大后才知道，蟛蜞还有一个名字叫相手蟹。因为蟛蜞习惯横行，偶尔直行时两只大螯合抱于前，摇摇摆摆，一步一叩首的样子，颇有古人行礼作揖的风范。

上大学时，有个家住乌龙江边的同学给我讲了他的蟛蜞故事。

在江边的席草滩上，他们三四个人围住蟛蜞慢慢往中间赶，最后蟛蜞会爬成一堆，千军万马的样子。这时撑开麻袋口，往里拨几下就满了。他们村一般在4月捉蟛蜞，制蟛蜞酥——这时的蟛蜞刚冬眠出来，还没食什么东西，里外干净，壳也比较硬，做出来的蟛蜞酥脆爽可口，奇鲜无比。

捉回的蟛蜞先用清水养着，半天后洗干净，顺便摘掉尾脐。装入陶钵后，加进盐、生姜丝和高粱酒，盖好上下颠摇，再加入白砂糖、红糟搅拌妥，封口。腌制到三五天后，外味渗透进壳里就可以吃了。吃多少舀多少，便于储存。蟛蜞酥可以单独吃，拦腰一口咬下去，酥里带鲜，鲜中爆香。早餐用它配粥食欲大增，有人将之当下酒菜也有滋有味。

顾名思义，蟛蜞酥贵在酥。蟛蜞肉少壳薄，咀嚼起来酥脆里汤汁四溅。这鲜香呛人的奇鲜之味，外人避之不及，但闽都人心里，这就是大海的风味。在那些个食物匮乏的年月里，它肆意妄为的味道，曾经激活了多少闽都人的味蕾，填充了人们对明天生活的憧憬。

蟛蜞酥还可以往下继续做成蟛蜞酱，把蟛蜞酥在石臼里杵烂，拌入红糟，再用石磨磨成酱，紫红色的，细软如泥。装入干净的玻璃瓶，密封严实，放在阳光下暴晒一两天，使其慢慢发酵，鲜香会加倍浓郁。

蟛蜞酱作为一种蘸料，其酒糟香气与蟛蜞鲜味彼此纠缠一体，那是绝配，咸香浓郁而不带腥臊，散发出一种奇特而且浓郁的异香，鲜味十分狂野，显出了桀骜不驯的个性。

游子在异乡待久了，一旦闻及这种气味，便会两眼放光，神情立马兴奋异常，故乡风物过电影一般纷至沓来。你是不是闽都人，或在闽都这座城市待过多长时间，餐桌上用蟛蜞酱试一试，保管"验明正身"。十几年前，闽都人的酒席上，蘸海蜇皮、九层黄粿的佐料非蟛蜞酱莫属。它比名扬四方的闽都虾油还能彰显地域色彩，堪称闽都人乡土味道的终极识别。

就是这样一种曾经蛰伏于闽都这座城市千家万户橱柜里的调味食品，如今的市场上已经很难觅到它的影踪了。

梭子蟹身娇肉贵，作为螃蟹家族里的阔表叔，是一流的生腌食材。通过一年时光的滋养，菊黄时蟹肥膏满，螃蟹成了秋季的专属食材。闽都有道名菜叫醉蟹生，我的外婆就是做这道菜的高手。20 世纪 80 年代初，我在省城读书，一个暮秋的周末到外婆家，她正在灶头一只只查核外公从码头市场买回来的梭子蟹，嘴里唠唠叨叨的，捏一捏这只的脚，压一压那只的壳，挑肥拣瘦，然后把中意的浸在淡盐水里养着，准备做醉蟹生。

到了时间，只见外婆在鼎刷上扯下根粗竹签，从活蟹的嘴和蟹足关节处捅进去，梭子蟹张牙舞爪三两下，断臂弃肢，渐渐安静了下来。她解开捆绑的草绳，用鼎刷刷干净蟹身的边边角角。然后，双手拇指从甲壳和尾脐处插入，一使劲掀开甲壳，刮下壳内红膏，摘除鳃，剔去内脏，砍掉尾脐。

螃蟹家族都是"水上清道夫"，它们的体表、鳃部和内脏可能留有不洁之物，必须仔细清除干净。

接连处理好三只。外婆用菜刀剁下蟹腿，切掉脚尖，这样两头通透，吃时一吸，肉和汁便飞入嘴里。把它们放进大瓷碗，撒上粗盐颠摇腌渍。再将蟹身剁成均匀小块，然后，把脱水的蟹腿滗干水分，摆在硋钵底部，红膏放在中间，蟹肉围在边上。淋进一些高粱酒，稍微腌渍一下，灭腥杀菌。趁这当口，把酱油、盐、姜蒜末、米醋、白糖、胡椒粉倒入碗里溶解调匀，浇淋到蟹生上。过了一会儿，再把硋钵里头的腌料滗出来，慢慢又淋一遍蟹生，反复几次。为了让蟹生更为入味，隔十分钟后还要翻拌搅匀。一次次翻搅的过程中，顺便把扯碎的紫菜、切细的葱花加进去，盖好。

海鲜本身有的是鲜脆和甜润，借助腌料滋味会变得更为丰富饱满。闽都话里生腌海鲜都用“醉”的烹调手法——当然，生吃食材都是活蹦乱跳的，用上闽都黄酒或高粱酒醉一醉，才能让它们安静下来，但更进一层的意思是，让海鲜浸没于各种腌料里，吃饱喝足，达到醉泡入味的效果。

通常，这样深醉四五个小时，就到了舌尖登场之时。壳白肉酱葱绿，红膏和蟹肉晶莹润泽，水盈盈的，呈半透明状，一整硋钵的蟹生显得虎虎有生气。

红膏软糯润滑，鲜中透香，蟹肉细嫩，鲜里带甜。当浓郁的海洋气息在口腔里横行霸道的时候，咸甜酸辣一个个挺身而出，纷纷把情绪几欲失控的鲜味拽将回来。那是一场鲜美滋味的狂野鏖战。

我看过闽都某些名菜馆十几年前的菜谱照片，青榄醉蟹生赫然在册，上面介绍的做法和外婆的没什么两样，只不过在瓷盘里码得红白分明，周边再摆上一圈拍裂腌渍过的檀香青橄榄。大厨们好讨巧，橄榄的甘脆可以化腥解腻呢。

以大致相同的方法生腌的海鲜菜式还有醉白虾、醉虾蛄、醉蚶……

生食海鲜让人味蕾活跃异常。大脑沟壑里，祖先在险些饿毙前捕获到食物的兴奋被点燃。生腌、生蘸调料的海鲜口感奇妙，让人上瘾难忘，它不仅保留住了大海的原汁原味，而且在无限放大鲜味的同时使口舌更舒适。

可是，闽都菜肴里传统的生腌、生醉名菜已经悄然离去，与我们渐行渐远，直至撤出我们大家的日常餐桌。眼下，福建全省好像也只有闽东地区生食海鲜的菜肴保留得多一些。那是占着区域内海岸曲折、海湾众多的优势，野生鱼虾蟹贝丰富，关键它还是眼下八闽沿海最后一块还没被充分开发、污染的处女地。

20 世纪 80 年代，上海先后暴发过两起甲肝疫情，多的一次涉及三十几万人。通过病原学、血清学、流行病学调查，证实这是生食被甲肝病毒污染的毛蚶引发的。如果说，这样的重创还不足以拦住中国人生食海鲜的热情，那么接下来三十年急功近利的粗放发展，湖泊干涸，江河污染，近海死寂，细菌、病毒、寄生虫、重金属污染则俨然如一圈圈的涟漪荡漾而来……

东瀛人、因纽特人、赫哲人……世界上很多地方依旧在生食海获，一则他们的海产生长环境尚未被污染，二则海鲜多来自寒带海洋和深海，那里可是这个世界上难得的净土，致病菌和病毒大多也难以存活。

这些年来，支撑中国人庞大胃口的是高产养殖业。生吃，要的就是口感和滋味，还讲究时令季节、生长时间，人工催化速成的养殖食材放弃品质，显然达不到这样的要求。在澳大利亚的塔斯马尼亚岛，号称世界第一的生蚝也是在自然海湾养殖场生产出来的，但人家尊重自然，讲究时序，绝不施以额外手段为数量而高产，提倡的是绿色养殖和功能养殖，而这种科学养殖就像人类祖先驯养野生动物一样，图的只是方便采集。

自从美国一位畅销书作家把生吃柔软多汁、丰富肥美的生蚝，惊世骇俗地想象成一个法国式的深吻、一种令人窒息的冲动，一扇簇新的视窗便洞开了。我们这颗蓝色星球上，只要还有这样的体验存在，生食海鲜就注定不会离我们而去。很多人一辈子都不可能有法国式的浪漫，却梦想寻找到一块净土，用心去感受这个滋味万千的世界。

我们的环境正在改善，我们获取食材的思路也慢慢在转变，我们的美食记忆注定还会鲜活起来。

被『打』尽杀绝的中国鱼

我养过金鱼，也养过锦鲤。经验里，颜色艳丽的鱼都是用来观赏的，下嘴断然不敢，自然也不会以为有好味道。事情也有例外，闽海有一种鱼，遍体鳞片黄艳，腹肚处金斑变幻，侧鳍和尾鳍呈中铬黄色，还描有精致的橘红唇线。许多年以后才听内行人说，这种鱼在海里时是青灰色的，属于中下层海域的鱼类，由于水压缘故，一旦出水，鱼鳔则膨胀破裂而亡。其体侧下部有金色皮腺体，会分泌出金黄色素，使鱼通体金黄。这种色素极易被紫外线或强光分解褪减，但过程可逆，进入夜晚和无光线环境，又会合成金黄色素。通常，我们见到的时候它都处于冰鲜状态，低温又使其色泽更加灿烂。

你看，这是不是很神奇？单从美艳而言，这鱼可是向死而生的呀。

每次念及这种鱼，舌根下的口水便汹涌起来，脑海里同时映出一幅画：去世多年的外公双肘撑桌，竹箸在大瓷碗的内边划过半道弧，稀里哗啦扒进嘴一大口粥，竹箸继而伸向桌面——那里有一个四方形蓝花瓷碟，分两格，一边盛深褐色虾油，一边搁着煎成焦黄的鱼块。只见他夹起鱼蘸了虾油，小咬一口放回原处，竹箸往瓷碗另半边又划出半道弧……

我知道，那雪白的鱼肉细嫩光滑，还一棱一棱小蒜瓣似的，既松又脆，齿切有物，咀嚼着，满嘴甘香立马便澎湃起来。虾油沁入鱼肉，鲜香倍增，很有海浪砸烂在岩礁上的痛快感。

说的这种鱼，是四十年前的野生大黄鱼，因为日渐稀罕，如今鱼价追逼黄金，名副其实是民国时期央行投放市场的"大黄鱼""小黄鱼"——金条。

大黄鱼学名池沼公鱼，硬骨鱼纲，鲈形目，石首鱼科，黄鱼属。闽浙粤各地叫法不同：黄瓜鱼、黄花鱼、黄鱼、石首鱼、石头鱼……近些年来，媒体不时传出新闻，说某地渔民捕获长一米多、重上百斤的黄瓜鱼（闽人土语谓黄瓜母），被鱼贩上百万收购。坊间传说其鱼鳔制成的鱼胶极为珍贵，是上佳滋补品，素有"贵如黄金"之说。它也是石首鱼科的一种，叫黄唇鱼，属珍稀濒危品种。野生黄瓜鱼的价格也因此逐年攀升，上一定重量的，从当年满眼金鳞到如今的千金难求，而且有价无货，兜里钱再多，也不是想吃就能轻易吃上的。

20 世纪 80 年代以前，中国人压根没有养殖概念，山珍海味都放在山上和海里，出力流汗花时间取回家便是，吃进肚里的东西肯定纯天然原生态。养殖那是没事找事干，费钱又耗力——“肯定是英美帝国主义干的事情”。

自幼在山区长大，我就是个地道山里猴子。1976 年，父母从山区县城调动工作到地区，一家人跟着入住母亲单位分配的套房。在那个年代，粮油食品凭票证供应。地区冷冻厂好呀，和家在海边基本没两样。什么带鱼发海、黄瓜鱼汛期……一周之后，海况便波及冷冻厂。遇上节假日、寒暑假，我们这些身为家属的中学生也经常被吆喝去挑灯夜战。院里的大孩子们自愿组合，四人对付一辆货车，卸下推车运库房算四十块钱，大家二一添作五，平分。一天劳累下来，泡澡洗刷，连毛孔里都能洗出鱼腥味。这四十块钱是什么概念？两年后我考取省城师范大学，每月国家发放十六块五的菜金，已够填补我们长身体时的辘辘饥肠。

忙碌的生产旺季过后，工厂的福利按部就班，每家限购平价鱼，依季节不同，有马鲛鱼、黄瓜鱼、海鳗、带鱼、鲳鱼、墨鱼等等。山上好食麂鹿獐，海里好食马鲛鲳。公家的鱼价似乎是依民俗来决定的，当年，马鲛鱼和鲳鱼都被认作最可口美味的鱼，卖得贵，一斤五毛一，而黄瓜鱼撑死了也就是四毛五。

那时，分售黄瓜鱼最为频繁。这鱼味道好，价钱又适中，每一次的指标，我们家都不舍得放弃。那可是个以果腹为第一的年代，所有荤菜、素菜都是用来下饭的。面对一拨拨的黄瓜鱼，我们家都是围绕着饭来做文章。第一种做法：黄瓜鱼去肚洗净，切成大块，粗盐浅腌后，再下油锅慢慢煎熟，如我外公那样配粥。第二种做法：沿脊椎骨对剖，再剔骨切成鱼片，加生姜、芹菜、青蒜，煮成肉质鲜嫩的奶白色鱼汤。还可以换味道，用酸笋丝去腥调味。一盆端上桌，干饭舀光光。第三种做法：黄焖。配干饭、稀粥两头讨好，最经常做。烧旺油锅后，放老姜片逼出香来，然后下鱼块，中火双面煎黄，酱油炝锅，加清水添白糖，焖熟撒上葱珠，起锅上桌。黄瓜鱼胶质丰富，剩下的汤汁醇厚，不用一夜便凝胶结冻，那东西拌饭吃也特别爽。

无论怎么煮，鱼鳔大家都爱吃，那物口感软糯细腻，黏而不糊，滋味鲜美。三十多年后，当黄瓜鱼稀罕起来，才得知那鱼鳔有滋补肝肾功效，大补元气。

单一种食物再怎么美味，终有吃腻之时，便去左邻右舍取经学做鱼松。将黄瓜鱼砍头去尾蒸烂，剔捡干净骨头、鱼皮，搁锅里用铁铲碾压，小火中继续压散、翻烤，使之慢慢脱水变蓬松，丝缕毕现，再下油不停翻炒，直到金黄一色，酥脆松软。待热气散尽，收入玻璃瓶封盖紧密，随吃随取。

黄瓜鱼是中国近海主要经济鱼类，因其种类的地域性，有“中国家鱼”之称。宋代诗人范成大有诗云：“荻芽抽笋河鲀上，楝子开花石首来。”每年端午节前后，黄瓜鱼汇集成庞大鱼群，从东海深处老家长途跋涉而来，在靠近海岸的咸、淡水交汇处产卵繁殖，黄海南部到南海北部之间的海域便形成鱼汛。生理结构上,黄瓜鱼可谓奇特。其一,石首鱼科的鱼,在头骨腹面连着的两个翼耳骨中各有一枚耳石,能维持身体平衡和听觉。其二,黄瓜鱼会叫,大鳔两侧声肌收缩,压迫内脏使鳔共振发声。生殖期的黄瓜鱼以此联络聚集,集体发出“哧哧”“咕咕”的求偶声,绵亘数里,声响如闷雷。古人发现这一现象,便以竹筒探海,听声判断鱼群大小、深浅和密集度,然后循着叫声的位置撒网。为黄瓜鱼招来灭顶之灾的是前者。早在五百年前,潮汕一带的古人便发明了敲罟渔法:两艘大渔船张好网,二三十条小船在前面围成半圆,小船船帮捆绑有毛竹,众人一起敲击竹筒,海水和鱼的耳石产生共振,大小黄瓜鱼不堪刺激,眼花头晕,悉数翻白于海面,鱼群被一网捞尽。

这种古老而先进的渔法,也许出于对自然的敬畏,在潮汕小范围秘密流传了四百多年之久,并多在春汛里施行。到了1954年初,敲罟作业像癌细胞一样扩散到与之毗邻的漳州,1956年又传入浙江,从此,大黄鱼捕获量陡增十倍以上。1957年,鉴于敲罟作业对鱼类资源破坏严重,国务院明令禁止。后遇1960年大饥荒,为了解饥救人,敲罟作业一度死灰复燃。三年后,国务院再次下达禁令,然而“文革”期间再次失控,开始了第三次敲罟作业。如此情形,一直到1975年初才完全终止。苟延残喘的野生大黄鱼资源,在一定程度上得以恢复。

黄瓜鱼统治中国海洋渔业千年的时代,终结于20世纪70年代。在那个“抓革命,促生产”的发烧岁月,为了高产,人们不仅趁着春夏鱼汛大规模围捕向近岸、河口生殖洄游的黄瓜鱼，还穷追不舍杀到了它的外海越冬地，连续数年刷新黄瓜鱼捕捞产量纪录，总产量达到了常年的二十余倍。

20 世纪 90 年代，我曾经为闽东某市编辑过一本宣传画册，其中“丰富的名优特产”栏目下有张题名为“一网金鳞”的图片。无边无际的大海上，一条大围罾船舷上，并排站立二十几人拖渔网，渔船明显往一侧大幅度倾斜，碧波荡漾的海面上金光流溢，渔网摊展于渔船周围，面积大过船体。当地领导语气豪迈地告诉我，这是 70 年代捕捞黄瓜鱼的生产场景，那一网就是创历史纪录的六百六十五吨呀。拍此照的是一位渔民摄影发烧友，据他说，黄瓜鱼试图拼力破网逃离，巨大的力量使渔网顶出水面，当时有人跳上浮网，在上面走了一圈居然没有湿脚。

阿拉斯加的棕熊也是在鲑鱼产卵前捕食，可是人家吃饱就走，为了越冬活到明年，一年也就疯狂那么一次。哪像人类，不仅晒干腌起来，还要藏进大大的冰库，堆成山一样高。

想当年，就在我们那座冷冻厂忙碌生产之时，东南沿海一船船黄瓜鱼满舱归港，由于产量太大，交通又不便，成堆的黄瓜鱼运不出去，鱼多价贱，跌到每斤五六分钱，更多的小鱼没人要，烂在码头被直接抬去沤肥。当年，国家号召老百姓多吃鱼，支援渔民生产，吃黄瓜鱼便成为一种爱国行为，黄瓜鱼还一度被戴上了“爱国鱼”的帽子。

掠夺性的捕捞下，黄瓜鱼断子又绝孙，它的三大种群几乎先后全军覆没。尾随而来的改革开放,工业的无节制发展,使得沿海城市的江河入海口及港湾水域遭到不同程度污染,农药残液、工业废水等有害物流入近海,围海造田等海洋工程又使水流环境改变……黄瓜鱼近海产卵环境恶化,很快在它们的故乡一步步走向了衰亡。

有天,在被誉为闽菜百年前肇始之地的福州聚春园,领教了一道名菜——全折瓜。"瓜"是闽地方言对黄瓜鱼的称呼,古书记载其"肉极清爽,不作腥苍,按闽中或呼黄瓜,瓜,花音之讹"。"折"是福州方言里的量词,有头有尾、完完整整一条鱼的意思。黄瓜鱼刮鳞除鳃后,用筷子从口中插入,顺腹壁捅到底,用力一搅,拖出内脏,鱼形完整。洗净揩干,在鱼身两面间隔两厘米左右剞上柳条花刀,用研磨细的番薯粉敷匀鱼体,再把五花肉、去籽辣椒、净冬笋、水发香菇、葱白均匀切成约寸许长的丝料。

旺火烧锅,花生油七成热时,鱼投入油锅两面烹炸,待色泽金黄时搁漏勺沥油,然后放入大腰盘,撒上胡椒粉。与此同时,另一炒锅已置旺火,将油烧至七成热,把五种丝料下锅煸炒一分钟,加入酱油、白糖、米醋和猪骨汤煮沸,用湿淀粉勾芡后,添半调羹芝麻油推匀,浇在刚出锅炸酥的鱼体上,登时吱吱作响。

这道福州地区的传统佳肴,穿越近百年历史,成为福州人佳节团聚、婚喜寿庆宴席上的吉祥菜和押桌菜,除了有滋有味,还被赋予了美好寓意。细观此菜,鱼体色泽金黄,缀以红、白、黄、绿、褐五色丝料,鱼皮酥脆鲜香,鱼肉细嫩甘美，芡汁红润，酸甜可口，十分喜庆。除了年年有余这样妇孺咸知的传统寓意外，菜肴中整条鱼首尾俱全，还有有头有尾、十全十美的寓意，是年夜饭桌上一道不可或缺的大菜。过去福州婚宴席上的全折瓜，客人是不能动箸的，必须完整留给主人，以此祝愿新人婚姻美满，有始有终。

眼睛和味蕾很快就找到了三十多年前的记忆。当年，只有请朋友到家吃饭时才烧这道菜。少做的原因是，没有两口锅，勾芡汁浇在酥鱼上的嗞嗞声响只得被舍弃，而锅里一两斤滚沸的油，炸完鱼还得立马倒出来再炒辅料，费事耗时。即便做，形式上也省了很多，不讲究完美，杀鱼时就是切开鱼腹去内脏，没有什么色彩讲究，勾芡汁一浇就可上桌，但口味酸甜、外酥里嫩的感觉从来一致。

兴许是带着赎罪的心理，在黄瓜鱼洄游产卵的闽东三都澳官井洋，中国人到底还是把濒临灭绝的黄瓜鱼人工养殖成功了，大约卖二三十块钱一斤。闽菜里那些用黄瓜鱼做食材的名菜，诸如瓜烧白菜、松子瓜鱼、椒盐瓜鱼、油炸瓜尖等，总算是恢复了有源之本。只是，野生黄瓜鱼通常栖息在六十米水深，而所谓的深海网箱养殖都难抵达这个深度，水压不够，鱼的脂肪含量高，况且渔民和消费市场都热衷于物丰价廉，饲料里什么生长素呀，抗生素呀，绝对不会少。这样养出来的鱼，口感味道与野生的比大相径庭，肉质松垮糜烂不成形，也缺了清甜鲜香。有经验的厨师在烹制人工养殖的黄瓜鱼前，常会用加入葱姜的盐水浸泡一小时左右，这样可以让肉质紧结，口感上更接近野生大黄鱼。

中华美食技艺代代相传，一直独步于世界，然而生生不息的食材却常常被人为掐断了源头。地道的大众食材失落，变异的替代品登场，就好像神人说龙肝凤胆之味，你永远产生不了共鸣，搞到最后，连说者本人也索然寡味，很是无聊。今天，我们的感受和体验已经远远落后于古人，无法同日而语。那些源远流长的美妙滋味会不会长眠于典籍，成为一种货真价实的传说呢？

这叫人怎么不怀念过去！

百般功夫泡汤了

闽都人爱喝汤是有历史渊源的。

距离闽江口六十余公里的昙石山文化遗址，曾经一次性出土大小陶釜十八件——这些陶釜，就是现在烧汤的砂锅。考古专家还原了新石器时期的情形：五千年前，昙石山被海滨大江环围，浅海滩涂上鳞甲水族繁生，螺蚌蚬蛤遍地，闽地先民将海鲜、河鲜等或分门别类，或彼此搭配起来一道道烧煮，开始有了烹制五花八门汤食的传统。

这是中国走向海洋文明的肇始，也是南岛语族向海洋迁徙的最后一块大陆栖息地。我不知道，这个散布于亚洲东南至太平洋群岛等海洋地带、民族语言和文化内涵相似的土著族群，是否还保留着他们祖先爱喝汤的印记？但留在这块土地上繁衍生息至今的闽都人却无汤不欢。

很多时候，在闽都的餐馆点菜时，因为业务生疏，经常被侍应生提醒：炒盘够了，可以再来一道汤。传统闽都宴席，有许多类似“六炒四汤”的传统菜谱，汤菜数量占到了四成，且变化繁多。汤菜在闽菜中占据着重要地位，品种多而考究，这也是闽菜区别于其他菜系的明显标志之一。在喝汤问题上，岭南人太过张扬，虽以煲各种养生汤闻名世界，宴席上却寡寡的，不过起头一道例汤而已。

闽都菜为何如此钟情于汤汤水水呢？

鲜美呀！滋味丰富呀！“滋”字从水，古人造字有意思，无水何来滋味？闽都菜的食材中水产品居多，鲜活水产味道鲜美，换言之，也只有做了汤才能品到原汁原味。

可以这样说，汤是闽菜的精髓。但凡需要加水烹制的菜肴都以有滋有味的汤替之，无汤不行。厨师尤其讲究调汤，“一菜一汤，百汤百味”的说法绝非虚言。

一位闽菜大师告诉我，聚春园大酒店的后厨天天都要备好几种汤，站在热鼎前才能淡定不躁。这是闽都菜的味觉密码，做什么菜用什么汤，胸有成竹。精工闽菜馆宣和苑拒用味精，在业内颇有口碑。千滋百味凭什么？一个字——汤。

第一种，上汤。老母鸡肉、牛肉和猪里脊肉加适量水，放蒸笼里蒸四五个小时，制成用以烹煮菜肴的普通汤。第二种，三茸汤，在上汤基础上精炼而成。鸡脯肉、牛肉和猪里脊肉剁成茸，与鸡血捏成团放入上汤，中火加热，顺时针搅动肉茸团，将汤中血污、余油等残渣吸附干净，其后改微火，慢慢炼制，逼出其精华。最后纱布滤净，汤清如水却味醇汁鲜，是制作高级菜肴的必备原料。第三种，高汤。鸡骨、猪骨大火熬制数小时，待骨头中的胶质彻底溶解，汤呈白色即成。主要用来制作煨、烩、烧类菜肴。第四种，奶汤。把大鱼头或鲫鱼等加葱白、姜片、花椒去腥，用旺火熬制，汤纯不浊，白似乳汁。此汤适用于扒烧、奶汤制品。讲究的，还有素汤，用香菇、黄豆等原料煲出来，做素菜时提鲜用。这正应了制汤师傅口里常用的一句俗语："无鸡不鲜，无鸭不香，无骨不浓。"

常言道："唱戏的腔，厨师的汤。"除了摆上桌面那些个招数，很多厨师都有自己的看家秘技，只可意会不可言传。下锅时，一次加足水量很重要。若中途添水，锅内骤冷，食材蛋白质立马凝固，有碍溶出。也不能加盐，盐渗透原料内部，挤出原料水分，蛋白质反而不易析出，造成汤汁不浓、鲜味不足。一代代能工巧匠流传下来的诀窍还有：大火煮浓汤（高汤和奶汤），文火出清汤（上汤），菊花水则用以熬制各种茸汤。

在闽浙边城福鼎听过这样一则制汤故事。清乾隆年间，福鼎刚从霞浦析出不久，两县交界的硖门有个大财主乔迁，主人同时请了福鼎、霞浦两县县令。霞浦地近，一天便到，该县令的贺喜墨宝第一个贴上了墙。福鼎县令紧赶慢赶一天半后才出现，题写的字挂到了后面。身为父母官，福鼎县令脸面上挂不住，就让带来的厨师做福鼎菜，厨师拿来蛤、蛏、海蛎、虾蛄等海鲜，将它们统统放到石臼里捣烂，用布过滤，挤出汁入锅熬制，次日再兑骨汤精炼浓缩，煮菜时舀几勺下去，立马提鲜增味。有这样的天然味精，菜肴当然要销魂蚀骨。打那以后，福鼎菜开始有了名声。

这样烦琐而讲究的事情，如今，现代人常用味精、鸡精等工业制品轻易“秒杀”。为了逐利，一些丧失职业操守的后厨里还少不了标着某某膏、某某宝、某某香的瓶瓶罐罐，那是工业提纯的香精。单此一点，从饮食的纯正性来讲，现代人的味蕾与古人同台论道已经先输了一局。

现在，我们来看看闽都酒席上的汤菜。通常，起先是佛跳墙、鸡汤汆海蚌这一类或醇厚或清鲜的汤品。大约出菜三分之一后，什锦太平燕上桌了，这是一碗承载了太多民俗诉求的汤菜。刹那间鞭炮齐鸣，主人开始起身敬酒了。吃喝过半，轮到鱼唇汤、海葵汤这类酸辣味出场，口味突变正是时候，昏昏欲睡的味蕾被唤醒。最后是各式各样的甜汤，选择一碗上桌，清口退场，美味心中留。这隔三岔五上来的汤菜里，有的汤清如水，色醇味鲜；有的金黄澄透，馥郁芳香；有的汤稠色酽，味厚香浓；有的白如乳汁，甘润爽口。

这里挑几样来回味一下。

鸡汤汆海蚌是闽菜中著名的汤菜，有人以“闽菜之后”誉之。它对食材要求极其严苛，海蚌须来自长乐漳港——那里的海蚌因蚌尖精美细腻，细长如舌，被闽人美誉为“西施舌”。清代徐珂的《清稗类钞》中写道：“西施舌为闽产，以之为羹，甚鲜腴。”汤汆西施舌的吃法可见于宋代文献，北宋理学家吕居仁诗云：“海上凡鱼不识名，百千生命一杯羹，无端更号西施舌，重与儿曹起妄情。”宋代王十朋《梅溪集》也有：“博物延陵有令孙，不因官冷作儒酸。珍庖自有西施舌，风味堪陪北海尊。”

海蚌在中国山东至广东沿海以及日本、越南等地都有，尽管外观相似，但遗传基因差异较大。漳港蚌的种质优良，个大，壳体略呈三角形，壳薄而光滑，壳顶泛紫红色艳光，肉质脆嫩。闽江口半淡半咸、浮游生物丰富的海水以及浅海沙泥底质海区，正是漳港蚌的生长环境。曾经，意大利威尼斯出产的海蚌可与之媲美，后来威尼斯的海蚌绝产了，漳港蚌更显弥足珍贵。现在，它已是国家地理标志产品，其产地成立了国家级水产种质资源保护区。

劈开壳，去杂物，一只半斤重海蚌能取出约二两蚌肉。洗净，对半片成薄片，热水稍烫一下，搓净蚌膜，挤干水分，用黄酒稍腌，抓去腥味，再注入鸡汤焯一遍，随即滗去汤汁。此时，牙白色的蚌尖已半熟。移进蒸热的小汤碗（这是为了避免汆汤热量被碗壁吸收），然后用煮滚的三茸汤，上桌现汆现吃。

所谓汆，是一种烹调工艺。闽都菜烹制汤菜常用这种方法，它以汤作为传热介质，一次性快速成菜。这里讲究的是汤，闽都厨师能通过对火候的把控，在一种原汤中加上适当辅料，使原汤变化出丰富的味道。鸡汤汆海蚌的汤要调得恰到好处，颇有“差之毫厘，谬以千里”的玄妙境界，淡了味寡，浓了又恐盖过海蚌的鲜甜。据闽菜文化研究专家张厚先生介绍，正宗三茸汤，喝一口后，舌尖和上颚连咂七下，鲜味依旧不绝。故此，有人又趣称其为“七咂汤”。

汆汤对水温掌握和时间控制十分严格，不足则软，过分则老。冲入三茸汤后，读秒数到七或八，蚌肉恰好处于断生状态，食客揭开汤碗盖，但见如玉蚌舌在淡黄澄透的汤水中婀娜绽放。蚌肉入嘴时，唇舌的触感肥腴，绵软细腻，齿尖小咬一口，却又爽滑脆嫩，跟着便是如同置身原始森林的鲜甜气息。再啜一口汤汁，鲜香纯粹，恍如提笔画水墨画时，毫尖墨汁滴在生宣纸上，四下里缓缓晕化开去。始觉海蚌、鸡汤鲜味各自有别，再细呷慢嚼，两味又相互晕化，最后无缝一体，彼此分不清界线。

倘若遇上讲究情调的厨师，还会物尽其用，把约十厘米宽的海蚌壳当作汤碗和碗盖。当你嘴衔靓汤，耳道里会不会响起海潮退去、细沙吸水的吱吱微响？这样的时候，物我两忘，余韵悠悠。海蚌轻轻一个转身，已然超越了食材本身承载的所有意义。

犹记得吃完鸡汤汆海蚌时，齿舌间脆嫩的爽感和汆汤绵长的鲜甜，很久以后还停留在口腔里，淡淡的，有点飘袅，犹如润物细无声的春雨，味蕾陶醉于对海洋的迷恋。

鸡汤汆海蚌多次入选国宴，在全国烹饪名师技艺表演鉴定会上获过最高评价，博得上至国家元首下至平民百姓同声喝彩，可谓见过大世面，堪称闽菜系海鲜汤菜首品。它表面极为简约清丽，原汁原味，却将闽菜清淡鲜脆与醇和隽永的特色表现得淋漓尽致。这一点，与《随园食单》“清者配清”的烹饪真经不谋而合。

以如此极简方式汆出来的菜肴，还有芙蓉海蚌、发菜海蚌汤等等。在闽都菜里，汆这种烹调技艺堪称一抹异彩，说它专为漳港蚌而生也不为过，以之做出来的菜肴被广为认可进而成为“神品”。百年后，偏偏食材濒临灭绝，珍稀异常。出于成本考量，如今，都是改用逊一筹的品种替代，这也是量身定制的不幸。

一桌美味佳肴，吃到后来酒酣口腻，味蕾开始麻木，齿感开始迟钝——这时，可口开胃、让人精神为之一振的酸辣汤便登台了。现在，轮到说酸辣海葵汤了。

海葵是一种腔肠海生物，模样有点像去壳的螺肉，外表黏糊糊、滑溜溜，看起来很是丑陋。但人家在海里却是花枝招展，它们攀附于岩石或海里其他物体上，舒展的触手像一朵五颜六色的菊花，有“海上花”的美誉。当人伸手触动它时，花瓣立马凋谢，挤一股清水，紧缩一团。

用盐和醋将海葵使劲抓搓多次，再反复冲洗，直至黏液完全被处理干净，去除腥味。也只有这样，海葵的肉质才会变得更为脆爽、有嚼头。然后，把洗净的海葵用番薯粉拌匀，放入沸水锅中汆熟，捞起待用。锅置旺火，姜片、辣椒推进油里煸香，注入上汤，加香菇、海葵，搁盐和白糖，开锅后撇去浮沫，用湿番薯粉勾成溜芡，最后调入米醋、白胡椒粉和香菜起锅。

勾芡的汤黏糊，若是冬天，还有保暖功能，稠汤入嘴入喉再慢慢化开来，可以细细地品，先是闪电般的酸，之后味道就会起一种微妙变化，胡椒的香辣一点点渗透出来，接着是一丝丝的甘甜。再咬一口质地爽脆的海葵，满腔鲜美。整道菜甜去腥、酸爽口、淡保鲜，昏昏欲睡的口舌被唤醒，再次回过神来。

若换了主料，酸辣鱼唇汤也是用相同做法烹制出来。

小时候，听过闽都人一个笑话。家里不期然来客了，男人就对"厝里的"（指妻子）耳语：饭鼎里再加一瓢水吧。然后，用一小碟虾米蘸虾油，就把客人给对付了。对小气鬼的讨厌，让那些不喜欢闽菜的人概括出它的一个特点：汤汤水水。

被人揭了短也无法回避，闽都菜的确重汤，而且汤路广泛。这种烹饪喜好和闽地丰富的海产资源有关，在繁多的烹调方法中，汤最能保持原汁原味。其次，八闽靠近北回归线，夏日炎热，身体必须补水，喝汤便成了一条辅助渠道。最后，八闽地貌多变，山地、丘陵、平原、海湾、岛屿都有，主粮不突出，食材多样化，有条件传承闽地先民衣钵，准备众多的陶釜，分门别类来烹煮各种各样的鲜汤。

大学的一位师弟告诉我，20 世纪 90 年代，他在日本餐馆打工，碗洗完闲下来无聊，便观察入门食客，悄悄用闽都话与同伴评头论足："这个日本仔吃饭不喝汤，肯定没情没义。"闽都人请客布菜素有"喝汤重情"的习惯，喝汤的人才有情有义。汤水汤水，汤便是水。水灵灵的眸子，似水柔情，这个女孩子很水。这些都戴上了男性的有色眼镜，好像关乎男女之情。爱吃带汤食物的福州人真的很多情吗？

与好朋友们凑在一起，常常话未尽酒未够，无论怎么加菜，还是少不了一碗汤。

推杯换盏之时，有点飘飘然的食客便自开菜单，来一道醒酒汤：清水烧开，西红柿切块，再扯一撮紫菜，鸡蛋打散浇入，下一丁点盐，装盆撒葱花。快快上桌来。深紫艳黄大红鲜绿，色彩可谓鲜亮明快，味道清纯，还带点果酸，胃口能不再一次打开嘛！

哈，百年来的坚守已成传统，习惯成自然。在闽都生活的日子一长，一个个都俨然深谙闽菜之精髓。

海里长出土笋来

大学毕业参加工作那年，去厦门出差。在好朋友聚会的餐桌上，第一次吃到一种叫土笋冻的食物。朋友嬉笑着恶作剧："这道闽南著名的传统风味小吃，说穿了就是吃虫!"

这可吓唬不了我。朋友深知我的底细，一个山里猴子，饥荒年代出生，能身体棒棒活下来，什么恐怖之物没往嘴里塞过。何况"恰同学少年"，嗷嗷待哺，正长身体哩，只要上得了桌，就没有下不了嘴的。

瓷盘里摆着如琥珀一样对剖开的半圆体，比乒乓球稍大点，透明的胶冻里嵌有几条灰黄色条状物。我学别人，依样画葫芦，牙签挑起一块，蘸上碟子里的甜辣酱便滑入嘴里。

从清淡饮食而言，甜辣酱只是为闽人而生的一种刺激性酱料，嗜辣者讨厌它的甜酸，喜甜者又接受不了它的辣。它以番茄酱为主核，甜酸味软化了辣劲的尖锐，让酱料变得适口不腻。几种味道组合后，既盖住了海货的腥气，同时又唤醒了它们的荤香。

整块土笋冻冰凉入嘴，立马换来一口的饱满紧致、滑溜冰爽，那是土笋析出的胶质和食用明胶联手缔造的结果。口腔里汤汁鲜美，融化后纷纷从齿舌间溜过，剩下韧性十足的土笋肉，鲜脆实在又耐嚼，在一下一下的咬合里，酸甜辣推波助澜，大海的鲜香喷薄而出。

一颗晶莹剔透的土笋冻，通过味蕾记忆，把我拽回到了三十多年前。

福建沿海，除了福州及周边几个县区不见有土笋小吃，从南到北，无一能摆脱它的形色和滋味。特别是闽南，几乎把土笋冻当成待客的见面礼——常常在宴席开头，它已经急不可待登场亮相了。

三十多年后，我在晋江安海首次直面土笋这种小生物时，才想起一个问题：这么多年来，为何从没质疑过“土笋”这一名字的由来？

清代留下的书籍里，古人描绘过此物外形：“如牛马肠脏，头长可五六寸许，胖软如水虫，无首无目无皮骨，但能蠕动，触之则缩小如桃栗，徐复臃肿。”明末谢肇淛《五杂组》中写道：“又有泥笋者，全类蚯蚓。扩而充之，天下殆无不可食之物。”

其实，远没有古人说的那么不堪。我跟前的塑料盆里就是一堆洗去海涂泥浆的土笋，拇指粗，中指长，像充饱气的香肠，半弧着，圆滚滚胖嘟嘟的，一端顶着条细长的、伸缩自如的翻吻，皮肤粗糙，浑身颜色黑褐，也有部分是褐黄。

土笋生长在潮间带咸淡水交汇的滩涂软泥里，随潮水出没。水退钻进涂泥，水涨又爬出来。学名叫可口革囊星虫，属于一种蠕虫状低等海洋软体生物。

外观丑陋、让人胃液造反的生物里，土笋肯定不是垫底的那一个。土笋外形整体、憨拙，比起流蜞、海蜈蚣等一干环节软体生物来，好接受多了。

对它，福建沿海从北到南的叫法很多：土笋、泥笋、涂笋、涂蚕、土丁、土钻、土蚯、沙蚕……

最后为何是“土笋”胜出呢？

也许嵌在胶冻里的米黄色土笋外形酷似微缩的笋片，也许土笋的脆韧近似笋块的口感，也许渔民像山里人挖冬笋一样，在退潮滩涂凭经验搜寻土笋留下的气孔，然后举锄挖取……

岁月公正淘洗的结果，还是“土笋”接地气，有人缘。土笋安抚温暖了一代又一代闽人的口腹。

清末施鸿保所著《闽杂记》记载：“涂笋生于海滩沙穴中，今泉州海崖有产。”这是目前关于土笋产地较早的文字记载。地道土笋产地指向了闽南泉州，老饕们都说在晋江，晋江又推给了安海，最终定位安海西垵村。在中国，大凡某物原产地，往往拥有最正宗的传统制作方式。2013 年，安海土笋冻制作技艺入选第四批泉州市级非物质文化遗产名录。现今，按传统方法制作土笋冻的人家，西垵村还有二三十户，订单来自厦门、漳州等地。

冬末的一天，我慕名寻去。

安海百年老字号“阿望土笋冻”的店主，通常凌晨3点进货，4点开始制作，一大清早土笋冻便上市了。他答应留下一盆，等我们到现场时再制作。

土笋冻制作程序包括选料、清洗、碾压、煮汤、装碗。

两三寸长的土笋搓洗净泥浆，一根根开始鼓囊囊起来。听专家介绍说，常态下土笋是软软长长的一条，当受触摸刺激时，开始肌肉收缩，全身绷紧拱起，内部体腔的压力远大于外界。这时，只见操作者剪开一头，压力差使土笋的体液甚至连同肠腔都喷溅而出。手指再一捏，顺势挤干净，清洗后铺于石板，滚动石磙碾压，挤掉土笋体内的残余物和泥污，然后放到竹簸箕里反复淘洗干净。接下来，根据经验，视土笋多寡和不同品质，在锅里加相应分量的清水，倒入土笋熬至水沸，待土笋浮起，胶质渗出，汤呈黏稠状，即可。

捞起的土笋，已经缩成竹箸大小。放竹箩里沥去汤汁，用勺子来回刮擦，土笋的黑褐外皮纷纷脱落，舀起锅里的汤汁冲淋几遍，土笋仿佛脱胎换骨了一回，变得乳黄好看，还呈现出布纹似的细细肌理，“颜值”陡升。

锅里的汤汁沉淀后，将之舀进工作台上一个个小瓷碗中，等汤汁彻底冷却后，再把土笋夹入碗中。除了控制锅里的火候，出锅后忌讳再加温，这样才能保证土笋的鲜脆。而多年的经验还体现在对水的掌控上，加水多少，决定了最后是否有足够的胶质凝结成块。一锅土笋熬出多少汤汁就装多少碗，余下的土笋毫无保留地分配到各个小碗里。

没有任何添加，超级简单的原汁原味。搁水里煮熟捞起，感觉一眼看透，毫无秘密可言。其实不然，阿望的店主告诉我们，选料鲜活、品质好最关键。产地不同，季节不同，土笋的肥厚和胶质也不尽相同，与之对应的水量和煮沸时间也就起了变化。这些技艺口耳相传，秘而不宣，最后让你吃到嘴里，总能含胶饱满，肉质脆爽，口味甘鲜。

胶冻是温度降到它的凝固点以下时，胶原纤维之间发生交连而形成的。过去，土笋冻只是冬天的食物，一则入冬的土笋最肥美，二则天气冷，露天放置一段时间，就能自然凝固成形。进入现代社会，讲究少了，只要能吃上，夏天品质差就差一点，好这一口的人还是趋之若鹜，市场供求两旺。况且，推进冰箱，举手之劳间便结冻成形了。

在对付生猛海鲜方面，闽地人虽然没有岭南人那般名声在外，但对于各种食材也是来者不拒。这种传统，最初肯定不是为了猎奇和标新立异，主要是因为沿海地区人多耕地少，主粮匮乏。滩涂里稀奇古怪的各种生物，就像田间地头的球茎植物一样，采下挖出便可以拿来充饥果腹。长此以往，就吃出了美味，吃出了营养，彻底摒弃了吃虫的心理阴影。

这样的思路和流传的民间故事相吻合。

传说明末清初，郑成功收复台湾时，粮草紧缺。将士们到海边挖来土笋,煮汤解饥。郑成功为了掌握变化的军情,经常废寝忘食。一次,又错过了饭点,郑成功不想劳累手下再次起火加热土笋汤,便直接食用,岂料结成冻的土笋味道妙极。还有一个故事,讲的是明嘉靖年间,戚继光领兵入闽抗倭,因粮食紧缺,便下令士兵捉滩涂上的跳跳鱼、小虾、小蟹、螺贝等小海鲜,下锅煮汤充饥。外观丑陋的土笋被单独放进锅里熬煮。戚继光巡视敌情回来最后用餐时,只剩下结冻成块的土笋,他拔剑划下一块入嘴,味道居然比鱼蟹更为鲜香甘美。美食得来全不费工夫,土笋冻就这样在沿海地区流传开来。

在福建沿海,从福鼎、莆田到泉州、厦门、漳州,甚至海峡对岸的台湾,餐桌上都少不了土笋冻,闽南人尤为喜爱。它们各说各自的地道正宗,什么厦门海沧,什么龙海石码,什么泉州安海……其实,论争原产地已无多大意义。据说,安海出产的土笋外形圆小略扁,色泽灰白相间。从种质角度而言,可能就像长乐的漳港蚌一样,口感好,味道上乘,甚至举世第一。可是,因为海涂受工业废水污染,安海一带早就不是土笋的福地了,如今的食材都是从周边地区采购来的。但它传统的技艺在身呀,向来讲究品质与口感,原汁原味,饱料不掺胶。

在阿望店里,舀上一调羹陈醋、酱油、蒜泥、姜丝、辣椒酱调制的佐料拌入,我现调现吃了一小碗土笋冻。胶一搅便破碎,纯粹靠土笋本身的胶质自然凝结。舀进嘴里,冰晶凛冽后就是土笋的劲道弹牙,痛快淋漓。鲜味浓郁,口感饱满，滋味脆美。仅是不掺任何调料，特别是不加明胶这一条，已经把其他的制法甩出了一条街。

几年前沸沸扬扬的毒胶囊、老酸奶事件里，无良商人的介入、监管体制的漏洞，使国人谈“胶”色变。任何为了口感、品相的食品添加剂，都会让吃它下肚的人感受到虚情假意。

吃土笋冻，我还记得一次很“嗨”的旧事。多年前，在闽东三都澳一家熟悉的渔民朋友家做客。闽东人的土笋叫土丁。朋友自己捉的土丁自己做，按当地的烹饪方式，他将葱白在油锅里爆香，加一勺水烧滚，再投入一大把洗净的土丁，最后洒下葱花起锅。没多久，大海碗里已经结冻，透明的冻块里还凝固有一层乳状蓝雾，葱白亮如星星，葱花绿似翡翠。因为自家人吃，料足，一调羹下去，弹韧有劲，宛然果冻。或一箸夹起来，众土丁野草似的蓬勃。快快塞进嘴里，第一个感觉就是牙齿不够用。

清初编纂的《安海志》有记载：“沙蚕……甘美而清，鲜食干食皆佳。”土笋可炒，可煮汤，晒干后还可以和西洋参、瘦肉等一起煲汤做药膳。鉴于其味鲜，在没有味精的年代里，沿海人常常将土笋、海蜈蚣、流蜞这一类水产品制成羹膏状，就如现在的蚝油一样，做菜时加入少许，便能点化满锅的鲜香。

土笋滋味浓厚甘美，富含蛋白质、多种氨基酸和钙、磷、铁等微量元素，是一种高蛋白的海产食品，素有“海滩香肠”的美誉。我国的多种药典还记载了它的药用价值：其性寒味甘，具有滋阴降火、清肺补虚、活血强身及补肾养颜等功能，可治疗潮热阴虚、肺虚喘咳、胸闷痰多以及妇女产后乳汁稀少诸症，对肺痨咳嗽、神经衰弱、小儿脾虚、肾亏而尿频等均有不错的疗效。

《安海志》又载："涂蚕……可净煮作冻。"土笋体内富含胶原蛋白，水煮会析出胶质，并在一定的气温下结冻，这就是土笋冻之所以神奇的原因。

原汁原味的土笋冻讲究佐料，酱油、香醋、甜辣酱、花生酱、芥末、蒜泥等任意组合或单独成蘸料，不仅提鲜，还能激发出多元的口味。闽南讲究的吃法，是佐以青嫩的芫荽和腌制的糖醋萝卜，滋味更独具魅力。

其实，土笋就是滩涂上的一种小生物，与海蜈蚣、海蚯蚓等海产类似，爆炒、红烧、晒干煲汤都是美味佳肴。但先人传下来的饮食习俗自有道理，任何别的做法，对土笋而言都算暴殄天物，结冻是终极选项。

当今世界上，看上去制作手段如此单纯，然而味道又如此丰富的美食已为数不多。为了留住一种特殊的记忆和美好，对于土笋，我决定终身就选择结冻这一种吃法，不再做别的尝试和添加。狼吞虎咽，带几分野性，就这样"沦陷"，肉脆冻滑，在不露声色的咀嚼里，让那大海的鲜香犹如8月的海浪炸开在黑礁上，再飞溅起满天星星般的白沫，一味酣畅淋漓到永远。

农家田鲤香

有消息说，在大洋彼岸，中国鲤鱼已经泛滥成灾。三十年前美国政府的引进行为，如今变成外来生物入侵。美国佬壁垒森严，而中国鲤鱼剿不灭、斩不尽。看了它们横行异国他乡的文图报道，那种独有的“越狱”逃生手段与吃食产卵方式，让人捧腹。这厮的做派就是东方模式。

起码在春秋战国，鲤鱼已经被当作贵重的馈赠礼品。这就留下了孔仲尼得子，鲁昭公送鲤鱼作贺礼，再为其子取名孔鲤的经典故事。《诗经》中也留有“岂其食鱼，必河之鲤”的句子。这种鱼不仅源远流长，其产地还幅员辽阔，除西藏外全国各地都不缺，稳列中国四大淡水名鱼方阵。倘若是金鳞赤尾的红鲤，又被赋予了喜庆吉祥的色彩，比如民俗里被个胖娃娃抱在怀里的，还有那条飞舞胡须跳龙门的……

每年最酷热月份，我都要带放暑假在家的女儿摆脱水泥丛林，钻进武夷山自然保护区“放牧”几天。前些年，听闻武夷山市北部乡镇吴屯的稻花鱼做得风生水起，多次和朋友提起，总说时间不巧，得等到国庆过后。此事拖得越久嘴越馋，逮人便问，缘分一到就对了路。这不，武夷山做茶的张君冲我自信十足笑道：“肯定有得吃，鱼大鱼小的问题。我就是那个乡镇的女婿。”他还告诉我，这种鱼他们过去叫田鲤。

我知道，这田鲤，除了叫稻花鱼，也有叫谷花鱼、禾花鱼什么的。关于田间地头的常识，我多少懂一点。水稻扬花授粉撑死了二十来天，田鲤不可能仅靠那一点稻花长大。只要不喂饲料，在高山冷水的自然环境慢慢成长，已经心满意足。中国之大，哪儿不见鲤鱼？这些年稻花鱼被叫滥了，与其众人都追逐诗化，莫不如返璞归真，我还是叫它田鲤为妥。

20 世纪八九十年代，冰箱还没在农村普及，吃不完的田鲤，吴屯一带，家家户户都会用传统方式烹制成田鲤干保存。张君讲了个笑话，他当新郎官回村，女方的长辈照俗都要摆席宴请。当年穷，唯有嘉宾桌才上一盘田鲤干。他每回都要吃好几条，连肉带刺嚼烂下肚，不用吐出一丁点渣滓。亲戚间传开了，这个女婿酷爱田鲤干。此后，只要他来，田鲤干管够。

越嚼越香，咸辣中带甜，鱼骨酥软易碎。至今，张君回忆起当年的滋味,喉结还抑制不住上下滑动。

关于田鲤,还有一个故事可说。张太太的姨夫家住吴屯,他有个好朋友是吴屯乡高山村后乾人,出身于养殖田鲤世家。无独有偶,张君一个做茶的朋友偏偏又是养田鲤高手的外甥,他每年都要去舅舅家吃田鲤。当大家知道两代人这么巧地彼此要好,养田鲤高手便撺掇张君姨夫也要养田鲤给外甥吃,并手把手教他养殖技术。张君姨夫第一次养不好,鱼少且小,现在是第二次养,这才成就了我们的口福。

张君向我普及了田鲤相关知识。吴屯乡的几个高山村海拔都在六七百米,山垄里层层叠叠的稻田窄小,地势落差也大,被当地人戏称为“斗笠丘,眉毛丘,蛤蟆一跳过三丘”。山高水冷,细菌、病虫害少,山垄田只能种一季水稻,历来有套养田鲤的传统。每年端午节前后插好秧,投入鱼苗,不喂任何饲料。田鲤靠摄取与水稻争肥的植物、浮游生物和侵袭水稻的害虫,喝山泉水自然生长,体质好,抗病力强。田鲤生长缓慢,鱼苗两年后才长到三四两重。每年8、9月间,水稻抽穗扬花时节,聪明的田鲤会用身体碰撞稻秆,以掉落水面的稻花为食。据说稻花含糖,所以,这二十来天是田鲤生长最快的时候。

中秋后稻熟,田鲤肥壮。放水干田,捉鱼收割。捞起的田鲤一时吃不完,就移到鱼塘或莲田里,想吃再捞。

这是一种相互依存的食物链,也是一种绿色环保的养殖模式。除插秧时下点化肥促生长,稻禾开枝后,鱼苗入田，只能施农家肥，若再施化肥、喷农药，鱼儿也活不成。田鲤在水质极佳的自然环境里生长，个头匀称，肉质鲜美。田鲤对无农药、无化肥生存环境的要求，等于给稻谷的绿色品质做了背书，证其为血统纯正的有机无公害健康稻米。田鲤热销带动了当地稻米销售，一斤能卖到十块钱。新鲜的田鲤由原来每斤九块钱飙升到三十块钱甚至更高，而且价格还在逐年爬升。

次日一早，我们兴致勃勃吃田鲤去。开车向北三十多公里往吴屯排头村，这里四面环山，山顶是葱茏的原始森林，山腰翠竹似海，其下是层层叠叠的山垄田。那一道道田埂的线条，随着山势变化弯曲延伸，很有节奏感。

张太太姨夫家就在海拔三百多米的村道边。我们到时，姨夫已经放浅了田里的水，就等我们来了一起捉鱼。后来知道，他没有像通常那样，提前一天捉好鱼放清水里养，怕的居然是鱼掉膘。

大家欢呼雀跃——水里摸鱼，让我们回归孩提时那些不知忧虑的日子。

我们从路边的山谷往下走，翠绿的稻禾丛中惊起一群白鹭。以城里人的经验推测，鸟为食聚，这里肯定鱼多。趋近发现，正是抽穗扬花时节，弯腰的稻穗上缀满细碎白花。大约占地三分的狭长田边，靠边开出一米多宽的沟渠，深四五十厘米的样子。凭昨天恶补的知识，我知道这是目前流行的田鲤养殖方式：鱼在沟渠畅游，随时还可以溜进密匝匝的稻秆下觅食，白鹭、翠鸟发现了也不容易下嘴。而水稻收成前也必须“搁田”，停止灌水，晾干田畈。如此，鱼稻两全。

山垄田边水声汩汩，山上正奔下来的泉水时常跨不过土坎，便用毛竹筒分段承接下来，落入田里，再流进田边的沟渠。

挽起裤脚落到田里，让姨夫收起抄网，我们自己来温习一下少年时的“功课”。水已经放浅，浑水底下的田鲤受惊游动起来，水面绿色的浮萍便旋出一汪汪水纹。依凭孩提时练就的技术，双手在水中包抄，触碰鱼身时，手指已经感觉到鱼的肥润。双掌轻轻罩住，其后发力卡紧鱼头欲提出水面，岂料这田鲤力大，尾巴脱手一扑腾，泥水溅花了头。吸取教训后，再遇鱼时双手一前一后轻按住，再卡紧，不让它打起水花。田鲤很肥，三四指宽。不一会儿工夫，我们就抓了二十来条。

姨夫说，这批鱼是去年水稻扬花前下的鱼苗，当时有一个指头宽，养到现在，都长到三四两，这种鱼撑死也就半斤重。一般稻花开尽收鱼，那时的鱼最肥最大。这鱼他不卖，是养给自己吃的，早一点迟一点都没关系。

不准备进入商品市场，养到自己够吃就好，没有必要挖空心思去增产。如此养出来的鱼，纯天然，没有旁门左道，也无需任何猫腻。

提着鱼桶离开山垄田时，我发现姨夫用锄头把拦着竹栅条的出水口用田泥封好。走在加高加固的田埂，其上居然种有田埂豆，隔着约五十厘米就是一窝，是本土的一种黄大豆。我左一脚右一脚，划弧从外往里踩——这是孩提时学农民样子留下的记忆，如此，才不会伤及豆苗。

捉回的田鲤搁清水池里游了半个来小时，没有下田的张君领了杀鱼任务。剪刀剖开鱼腹，掏掉内脏，冲洗干净。不刮鳞是因为鱼鳞可以吃，但吐泥的时间如此之短，凭以往经验，不摘除鳃，土腥味会很重呀？看我一旁问张君，不善言辞的姨夫连连摆手摇头。我没明白他的意思。

面盆里的田鲤青中带黄，光滑油亮，通体肉嘟嘟的，嘴唇边长有一对短短的小须，头和脊交接处有点弓，当地也有人称其为驼背鱼。鱼背部青绿，腹部浅金黄，后鳍和尾巴由金黄渐变为红色，鱼体美观。后来请教生物学教授，他告诉我，这就叫武夷山吴屯鲤鱼。它在特定地理环境里演化时间长了，种群发生大变异，便从中华鲤鱼中分类出来。

张君洗过手，擦干水让我闻，果然如他昨天所言，鱼腥味浅淡。

田鲤确实生猛，都开膛破肚这么久了，往面盆里放入切碎的蒜头、生姜、辣椒，倒酒撒盐巴时，竟然还有能弹飞于地的！这道腌渍工序，入味需要大约半个小时。

久违的乡下厨房，宽大柴火灶当中摆，一面靠墙连烟囱，三面都能近台操作。起火把锅里的油烧热，姨夫滗尽田鲤腹内的腌汁，拎起鱼尾，一条条慢慢滑入油锅，小心翼翼翻滚，炸成两面金黄七成熟。然后，把炸好的田鲤用竹箸夹起，放笊篱上沥油。这时，他用手里的竹箸点点鱼，说着什么。这下我会意了，之前他不让去鳞除鳃，是为了不破坏鱼的组织结构,这样,进过油锅的鱼形毫无破损。当然,前提是煮好后的田鲤,必须没有一丝土腥味。事后我还知道,鱼鳞留着,除金黄好看、酥脆好吃外,还能护住鱼肉的鲜嫩。

油炸田鲤时,阿姨已经把各色配料准备好,摆在灶头。姨夫在锅里留余油,把切好的蒜头、生姜、辣椒煸炒到香气飘起,再将刮皮后滚刀切成菱块的菜芋仔倒入油锅中爆炒,之后料酒炝锅,白汽蒸腾中添水,下桂叶、八角、花椒,再倒进一碗粉绿色的田埂豆,调好咸淡。煮得大开后,舀入另一锅。然后把沥干油的田鲤码放其上,整锅端上竹炭火炉。同时,将此前已经煮软的去籽红辣椒放在钵头里舂烂,再均匀铺于田鲤上,盖紧慢煨。这个过程急不得,能磨磨蹭蹭煨上一两个小时,鱼肉的香气会更馋人。

众人翘首的时刻来了。整锅端上桌,盖一揭,黄褐红艳的一锅,热气腾腾中,香气流窜。调羹舀着头,竹箸轻夹鱼身,搬运一条到碗里,拨去红辣椒,鱼形完整。口感细腻嫩滑,味道鲜美纯香,剔不出一丝儿土腥味。更为绝妙的是,掀起黄褐鱼皮,裹上煎得翻卷起来的鱼鳞,滑韧鱼皮下是酥脆的蜡质,咀嚼起来一黏稠一松软,两种不同口感、不同味道的东西拧缠在一起,真是一种丰富而奇妙的体验。同去的两位发誓要“瘦成一道闪电”的女性,挡不住香嫩诱惑,各自连着吃了两条,还一副意犹未尽的样子。

慢慢品完一条鱼,我喜欢上了锅底的菜芋仔和青豆。芋块香糯细滑,青豆脆爽,顶着田鲤的鲜甜,就像长江后浪推前浪,荤味、素味还有辣味,彼此抱团结伙,滋味丰富澎湃。亲手捉到的鱼，盯着它变成一锅美味，味蕾的感觉肯定要和菜馆里大相径庭。

有位高人吃过吴屯田鲤后下定义：这道菜有鲁菜的咸香、川菜的辣意、闽菜的鲜嫩。面对天下美食，各种感觉，只要是自己的体验，都是一种缘分。

看我发在朋友圈里的吴屯田鲤照片，有位讲究美食的朋友对这道菜的外观不以为然。其实，它就是一道农村家常菜，不修边幅、朴朴实实的样子，你能一味要求农民姨夫在形色上做更多的提高吗？

中国是鲤鱼的家乡，千百年来，这种食材唾手可得，汉族、苗族、侗族、壮族等都有烹制鲤鱼的菜肴，无论油煎、水煮、清蒸、酱烧、炭烤……只要肉鲜味美，就是好东西。

张君问我要不要再去海拔七百米的后乾村看看，那里山更高水更冷，鱼长得更慢，大的要养上三年，内行人专门到那里买的田鲤都是五十块钱一斤。我知道无甚必要，只要在这片地域的山垄田，下当地培育的鱼苗，不喂饲料，实实在在养上两年，那样获得的田鲤怎么烧都美味，当然，还必须遵守农业专家划定的“红线”：每亩山垄田的养殖量不得超过二十斤。

那天，大家还一起去探访了张太太早年的闺房。那是村道边一幢两层楼的土墙房，在风吹雨淋中已经坍塌一角。她的父母和兄弟姊妹统统进城了，这幢无人居住的老厝还将继续破败下去。它的存在，只是家乡宅基地的一种象征。城市化进程还在继续，乡村的表演结束了。最终，养田鲤的好手也得离开。田鲤会跟着游进城里吗？

因为武夷山旅游辐射，吴屯田鲤美食的名气越来越大。“十一黄金周”开始，便是品尝田鲤时节，吃尽稻花的田鲤这时最为肥美。当下中国商业兴盛，美食反倒往往不尽如人意，在红红火火的市场上，我们偏偏吃不到姨夫煮出来的味道。因为生意好，食材的地道便被打了折扣。

国人对大自然的敬畏集体缺失，食物多时毫不珍惜，边吃边扔，浪费仿佛能成就一种豪气。山上的、海里的吃尽了，自然生长的开始卖出好价钱。粗放养殖虽然乏味，却总能以次充好，冲击食材品质的秩序，从而使一味追求高产的低品质食物，堆满了我们温饱无忧的生活。

千百年来独步世界的中华美食，走上台面时，却让人眼睁睁只看到形色器，光剩下烹饪技艺的花架子，再难品到原本的味和香。古人的锦衣玉食，不可或缺的就是地道食材。今天，它的集体走失，让知情者“杞人忧天”：这样的美食大厦，会在哪一天无预警地轰然坍圮吗？

蠕动的虫宴

文化规范着人们的饮食意识，进嘴的东西必须来路清楚，安全可靠。动植物除了自己种养的，那些历史上坑过人类的、名声不好的、外形丑陋的，统统让人感觉到恐怖、恶心，进而反胃。

在餐桌上，我见过一位朋友糊里糊涂把爆炒蛇皮夹进嘴里，咀嚼着感觉口里非比寻常，问明白后，扑向窗口干呕。这与食物滋味、口感毫无关系，全系心理因素作祟——此君对蛇有天生的厌恶和反感。孩提时看小人书《西游记》，白骨精变身女子色诱唐僧："我这青罐里是香米饭，绿瓶里是炒面筋。"万幸被猴哥识破，一棒把一个假尸首打倒在地。转瞬间，那香米饭已变成一罐子拖尾巴的长蛆，满地乱跳的面筋竟是几个青蛙、癞蛤蟆。每当看到这里，虽处在饥肠辘辘的年月，却没有咽口水的本能，下意识里，刻不容缓呸出了好几口。

20世纪80年代，中国人的嘴跟随大脑一起进入了思想文化的解放潮流，蜂蛹、蝉蛹、蚂蚱、蝎子这些实实在在的虫豸，突破心理防线，一拨拨开始进嘴了。一概热油炸酥，留着人类饕餮早期小心翼翼的痕迹。很快便衍成一种时尚，全线拓展，攻城略地，大有把岭南人当成标杆的架势：天上飞的只有飞机不吃，地上跑的只有汽车不吃，水中游的只有轮船不吃……

慕名去品尝虫豸烹成的宴席，在一年前。

福州最北的濒海乡镇鉴江，多年前成立了一个“流蜞联谊会”，组成人员是在外地工作的一拨乡贤。每年流蜞捕捞时节的那几天，因为大家都好这一口，便会彼此吆喝回乡过“流蜞节”。晚上涨潮时分，大家去孩提时嬉戏的河畔海湾，举着网兜，打着手电照流蜞。欢声笑语里，各自捡回童年的美好回忆。然后大家各显身手，把捕获物做成流蜞宴。一桌乡土味道，便是维系故乡的纽带，大家攀谈联谊，交流信息，为家乡发展出谋划策。

“流蜞节”那几天里，街上游荡着煎煮流蜞的气味。这烙有浓郁乡愁的滋味，让人腹中的馋虫蠢蠢欲动。

记得是20世纪70年代初，有一年春节前，十八岁就离开海边故乡到闽西参加“土改”工作队的父亲，在偏僻山区得到一位同乡儿经辗转带来的家乡梭子蟹。蒸熟启壳后，味道已变，屋子里弥漫着的除了海鲜味，还有一股氨气。父亲两眼放光，一丝肉也不放过，吃净后吮吸着嘴，依旧陶醉于回味之中，自言自语道："闻到这个味，心里就安稳了。"

味蕾是乡愁的知己，而停泊在童年记忆里的家乡味道，真是历久不衰呀。

摊开了说吧，这所谓的流蜞就是一种虫豸，大约一掌长，竹箸头大小，状若蜈蚣，软如蚂蟥。其身体扁平，两头皆尖，腹下长着两排细密的须状软脚，脱水爬行，蠕动缓慢。体色红、黄、绿、蓝、黑夹杂，依此情状，有些地方称其为五色虫。流蜞学名疣吻沙蚕，终年蛰伏于咸淡水之交的沿海滩涂、河口洲渚淤泥或稻田土层里，以腐烂草根为食。繁殖季节各地有异，大约在中秋节前后，一年一度性成熟时破土涌出。

"流蜞"是福州方言的音译，我以为相当形象贴切——"流"有随波逐流之义，"蜞"则是蚂蟥的别称。"流蜞"二字，将它的外形和行为特征都概括到了。

单条流蜞于水中划游打转没什么了不起，倘若五六斤一盆搁在面前，黏黏的糊糊的软软的，彼此交织穿插爬行蠕动，身上的绿褐色、粉红色、紫红色、肉黄色……随光线幻化出七彩色泽，时花时绿，肯定让人鸡皮疙瘩冒起来，患密集恐惧症者必然崩溃。如此场面，古人早就受不了了。有一本旅游见闻录里这样描写流蜞："其状可恶，似百节虫、蚂蟥、蚯蚓。"

这么丑陋之物，单看一眼都会产生心理阴影，更遑论放进嘴里，吞下肚去。

用干制流蜞煮汤,其色白似乳,汤浓味鲜,有"天然味精"之称。过去捕获量大时,人们就将新鲜流蜞捣烂,一层流蜞泥一层食盐,腌制成酱,煮菜时放入一调羹当调料,那股鲜香劲儿,能把天掀翻了。

流蜞的烹制方法很多,你只要把它定位为一种海产品,蒸、煮、焖、炒、炸、煲、炖、焗,无论哪一样都可以烹成佳肴美味。因为食材稀少的缘故,乡间的流蜞宴还是小众菜肴,没有经过烹饪大师整理修饰,吃的就是原汁原味。

流蜞宴的菜品是这样做的。

流蜞洗净沥去水分,放碗钵里,倒进花生油,让它吸饮上十分钟左右。接下来撒上盐巴、大蒜——流蜞对此特别敏感,旋即吐出酷似蛋黄的膏浆物,爆浆而亡。随后,加入黄酒、胡椒粉、姜末避腥提味。因为爆浆,油与浆已经彼此渗透,再打入鸡蛋,和着调味料一起搅拌,三者合为一体,成为均匀的糊状。此时,碗钵置蒸锅里,猛火蒸上十分钟,开盖撒葱花、淋麻油,便成。

舀一调羹移进嘴里,膏浆如蛋羹,细腻滑嫩,纷纷从牙齿间溜过。齿根咬上滤下的流蜞,松软且咀嚼有物,酷似蛤蛤的鲜香中会透出一丝丝甜味。这道菜叫流蜞蒸膏。

根据流蜞易爆浆的生物特性,流蜞煎蛋这盘菜,在处理方法上与前者有很大区别。清水洗净的流蜞,先用蛋清饲养,待流蜞喝得肚子鼓胀,条形饱满,倒入滚水里一焯。因为流蜞细长且质嫩易散,必须以读秒速度捞起,这道工序起到祛除异味、固定虫体、锁住鲜味的作用。接下来,下油煎蛋花，将熟未熟时，放入控水后的流蜞和葱段，中火翻炒煎熟，装盘上桌。亮黄里点缀着青绿和深褐，色彩明快诱人，入口酥软，蛋香虫鲜。

再说一道叫蒜香流蜞的菜，它也免不了鲜味扑鼻，香醇可口。流蜞下油锅烹炸，捞起沥油备用。青蒜切段拍松，入锅飞水捞起。油锅烧至七成热，下姜片、猪肉丝、冬菇丝，大火煸香，然后再推入流蜞、青蒜段，改小火翻匀，淋入料酒炒香。最后，加入豆瓣酱焖烧入味，再以湿番薯粉勾薄芡起锅。

还有流蜞羹、流蜞酥、流蜞煲汤、流蜞煮面或粉干……

流蜞富含蛋白质、脂肪、铁、磷和维生素 B 等微量元素，营养价值高。《本草纲目拾遗》记载，流蜞“闽、广、浙沿海滨多有之，形如蚯蚓。闽人以蒸蛋食，或作膏食，饷客为馐，云食之补脾健胃”。看来，散落乡间的烹制流蜞的经典手法，起码在两百多年前就已经被古人定型了。

对美食而言，其实很多时候，获取食材的过程比动嘴本身更有滋有味。

鉴江有俗谚：“二十五流蜞做新妇，二十六流蜞任你捞，二十七流蜞走亲戚，二十八流蜞满街塞，二十九流蜞没处找。”这里说的便是流蜞在当地一年中那几天里神出鬼没的情形。

在鉴江，每逢农历九月末这几天里，性腺成熟后的流蜞统统从草根的淤泥里钻出来，浮游水面产卵排精，繁衍后代。鉴江人把这叫“办喜事做新妇”也是一种创造，如此拟人化，足见对流蜞的喜好程度。生物学界把这种生殖习性称为群浮。那些天的水里，但见雌雄个体相伴旋舞打转，宛若盛大的相亲舞会。这个时节的流蜞虫身肥美，含浆饱满。

流蜞成群结伙抛头露面，都是在海水平潮后准备退潮之时，它们密密麻麻浮游于水面，随潮而舞，场面壮观。这几天的鉴江，每到晚上 8 点后的涨潮时分，从镇里的内河两岸到海湾盐场的堤坝边，到处是举网兜、提水桶、打手电照流蜞的憧憧人影，说那是一场乡村狂欢节也不为过。

由于生长地域范围极小，流蜞这种特殊食材，连福州一些地道的"站鼎人"（福州方言对乡厨的称谓）都不知其为何物。难怪清代学者梁章钜会写下这样的诗句："蛫蜞风味少人知，水稻菁英土脉滋。梦到乡关六月景，千畦潮退雨来时。"（《敬儿寄蛫蜞干》）

自打在鉴江品尝过流蜞宴后，我的信息量陡增。原来，福州郊县长乐、闽侯等地的感潮河段都少不了这种水产，甚至北至闽东的一些大江入海口也不乏此物。从立秋开始，最迟到鉴江的农历九月底，各地都有几天流蜞的群浮夜。听生物专家说，这种同步群浮现象受外界环境因素如温度、潮汐、盐度、月相、日照等影响，各有不同。

夜幕里，群浮流蜞随退潮水成群结伙涌入江海。福州仓山区被闽江包围成岛，坊间"流蜞走暗暝"的俗语，便是形容有些人夜深不睡觉、喜欢下半夜出来活动的生活习性。可见在产地，流蜞特性还是广为人知的。闽都报纸"直击现场"栏目曾经有过这样的报道：福州郊县闽侯乌龙江边的村民头戴夜灯，身穿捕鱼服，在乌龙江心祥龙岛长满咸草的湿地，张开渔网拦住水道，专等流蜞随潮汐水退自投罗网。

大凡被闽东方言语系的人视为滋补的食材，通常都会以福建老酒炖食。流蜞也享受着这种待遇，福州人称之为"江中的冬虫夏草"。相同的理念，致使讲闽东方言的人烹煮出来的流蜞菜肴也大同小异。

流蜞这种水生物对生长环境要求苛刻，有资料介绍，流蜞出产地必须具备"五特"：水净，土肥，草丰，流缓，有潮汐。近些年来，大江大河入海口的水质或多或少受到人为污染，流蜞的生存环境堪忧，产量逐年递减，这种范围很小的美味正逐渐从我们的生活里撤出。而且，一年的捕捉期就那么几天，撑死了养到十天半月。当然还可以冰鲜，但品相、味道相去甚远，只能勉强对付那些一味迷恋故乡滋味的老饕们。

流蜞因为喜食稻禾根茎，被岭南人叫作禾虫。他们酷爱这种水生物的味道，明清时期已见食用记载。烧禾虫还成为一道著名的粤菜。岭南报纸曾经介绍，有农户把海边长满禾草或海草的田地、滩涂围基加固，开渠引水，清除杂草，控制咸水入围，投喂草虾料养殖流蜞。

读过这些报道后，忽然就感觉上苍馈赠的珍馐已经不那么稀罕了。看来，这种小众的时令美食一时还消失不了。心里祈求别像对付其他水生物那样，又是抗生素又是生长饲料什么的，为了增产增量进而过度开发。

无意间看到一段视频，几个广东人坐在餐桌边，其中一个抓起一撮蠕动着的禾虫,仰头放进嘴里,满脸陶醉大嚼起来。痛快之后对一脸惊悚的记者大笑:“爽,脆,鲜,甜!”

即便再天不怕地不怕,这感觉也让人懵怔。人类的美食进化到今天,还这么茹毛饮血,好像就到了缺乏节制的地步。

俗话说,靠山吃山,靠海吃海。在交通闭塞的年代,这是人类的生存法则。南方气候湿润,地形多变,物种多样,为了充饥果腹,人类祖先什么都吃,犹如传说中的炎帝,吃着吃着就吃出了那样一片造福人类的神奇树叶。第一个吃螃蟹的人,除恶心反胃之外,肯定也要毛骨悚然,恐怖无比,那可能是要命的。而今我们再看螃蟹,外形多么自然,色彩多么美妙,味道多么鲜甜呀。

食物只有好吃与不好吃、可口与不可口、营养与不营养之分,看着顺眼不顺眼,感觉恐怖不恐怖,那只是人类附加的文化力量使然。

鲙就是生鱼片

在年少印象里，鲜有关于闽赣边城宁化的美食记忆。20 世纪六七十年代，大家没银子也没脸皮下馆子，即便进国营饮食店喝一碗面汤，吃喝也还是摆脱不了“资产阶级生活方式”的嫌疑。商业局大院里的干部家庭，都来自五湖四海，公家食堂按部就班的饭菜便是唯一的口腹之物。

20 世纪 90 年代初，我回了一趟这座客家边城。赶上同学宴请，居然吃到一道客家传统美食——宁化鱼生。鲜活草鱼剥皮剔刺切成薄片儿，蘸上陈醋里泡有牛角红椒的佐料，咬在嘴里口感极好，颇似海蜇皮，脆而爽，弹性十足，滋味鲜美。

当下是食物大丰富的时代，各种蘸料、佐料让人眼花缭乱。吃宁化鱼生，我的经验是不用过于生猛的蘸料，譬如芥末，那样会喧宾“闹”主，将鱼片的鲜味屏蔽掉。

那些年，沿海引进台资，海产养殖刚刚兴起。省城大酒店流行用各种鲷鱼制成生鱼片，好像很珍贵的样子，花费不菲，在鲜嫩一致的情况下，却远没有这山塘草鱼来得直接明了，口感脆爽。

前几年，听发小丘说，有位小学同学在朋友聚会场合总要提着一只包去，里面必定装着一把特制菜刀，其刀体薄，锋刃比较长。到了点，围裙往腰上一拴，取刀切鱼生，模样很酷的。

从书本里知道，武夷茶区旧时有富家子弟嗜茶，喝到倾家荡产，最后怀里仅揣有一只包浆的紫砂盏。也曾在匈牙利东部艾格尔酒区巧遇葡萄酒节，看见四方聚拢而来的人们，手里都拎着一只高脚酒杯。这种为了吃喝随身携带专业器具的场景，令我好奇十足，也好想吃上这位同学当场操刀切就的鱼生。不巧的是，我专程前往的那些天里，偏偏联系不上他了。

听当地老厨人介绍，鱼生这道菜必须选择水质清澈的山塘草鱼，二至三斤内，鱼没长老，肉质也不柴。将之用竹篓装好，置山涧活水下，当头冲激几日，去鳃土除腥味，吐尽腹中污物。顶流游动，消耗体内脂肪。经此一番倒腾，鱼的肉质更为紧结，口感更为甘爽。在当地，这道必不可少的功课被称为“抖鱼”。客家话里，“抖”有用力摔的意思，只要发力就能把手里的脏东西统统摔掉。

小溪边有家环境简单的菜馆，据说切鱼生颇为地道。

记得二十几年前第一次吃到鱼生也是在这家。发小丘陪我去看店家取鱼，让我们俩大跌眼镜的是，鱼居然从二楼小房间角落的水缸里捞出来。不错，鱼是两斤来重的样子。我们相视而笑，权当抖鱼归来，在清水里静养待命。

尾随草鱼下楼进厨房，厨师接鱼放上砧板，横刀拍了一下还在翘动的鱼头，再用干毛巾裹住鱼头，摁紧。按老厨人说的步骤，接下来应该是放血，就是剥掉鱼鳃，将鱼倒吊起来，滴干净血水，这样切出来的鱼生肉白如玉，也能减少腥气。现如今，菜馆里坐满了顾客，上菜还来不及，这个过程被删减了。

却见厨师握紧鱼头，手持刀背快速逆批除鳞，剖腹去内脏，冲洗干净血污，再用干毛巾揩掉水渍，把鱼放上另一块干净的砧板。厨师一手摁紧鱼身，另一手从鱼尾处下刀，沿脊椎骨横削到鱼首侧鳍，以同样方式把两边的鱼肉卸取下来，接下来用毛巾擦净鱼肉上的黑膜。刀尖在鱼块腹内下侧轻划一刀，力道不轻不重，确保鱼皮不破，插进手指一拱一扒，硬生生扯下一张鱼皮来。然后进入剔骨阶段，刀锋沿鱼肋断骨处轻轻往下削，瞬间片去那一排肋骨。毛巾揩干净血污，再把取出的那两块鱼肉放在第三块干净的砧板上。

人的体温会影响鱼肉的鲜活度，厨师只能将指尖轻轻点住鱼块，另一只手向前走刀，动作迅疾而流畅。随着刀锋轻盈滑行，砧板上仿佛纷纷落下卷曲的花瓣，一片片晶莹剔透。这位厨师刀工娴熟，手法利索，切出的鱼片毫无二致地薄如蝉翼。

与此同时，帮厨小妹已经从冰箱里取出一个圆盘，保鲜膜下面搁有冰块。她用竹箸把丝丝缕缕的鱼片夹到盘里，摆放整齐。

切鱼生讲究的是快速，三五分钟内，一盘鱼生切上桌，案台边那条被削去两块大肉、首尾完整、中间连着根长骨的残鱼，一副卡通鱼的滑稽形象，还在张着鳃吸着空气。

淋上麻油的鱼生，透明发亮如软玉，色泽晶莹通透。蘸上辣椒、酱油或芥末，入嘴绵软爽滑，味觉鲜美甘甜，齿感嫩脆有劲。

内行人说，宁化鱼生清火明目，滋阴平肝，还富含蛋白质、脂肪、钙、磷、铁和硫胺素，营养价值比较高。适量食用，不仅不伤肠胃，还有促进食欲的作用，是让人精神为之一振的可口美食。

和很多鱼类菜肴一样，剩下的鱼头、鱼尾、鱼骨等加入豆腐熬汤，出锅撒上葱花，清香可口，鲜爽怡人，堪称一鱼两吃的上品。

大概全世界——其中当然也包括中国人——都认为生鱼片就是日本料理，很多人已经不知道它起源于中国。而当今中国，仅在北方满族和赫哲族的一些村落、南方某些客家县以及岭南的一些县域仍遗留有生吃鱼片的习俗。

追踪溯源，早在汉魏，中国人已经将生鱼片的食用记载于文献之中，那时称其为脍。东汉时期的乐府诗句，就有“就我求珍肴，金盘脍鲤鱼”之句。特别是北魏贾思勰所著的《齐民要术》，其中有一道菜名为“金齑玉脍”，即以蒜、姜、橘、白梅、熟栗黄、粳米饭、盐、酱八种原料制成金黄色酱料,用来蘸白玉般凝脂的生鱼片。

古文字里,“脍”通常指细切之肉,万世师表孔子所言“食不厌精,脍不厌细”便是例证。后来,鲜鱼食用常态化,又造出了“鲙”字,以此专指生鱼片,将鱼片与其他肉片区分开来。生鱼片在中国人的饮食里曾经占有过多么主流的位置,窥此可见一斑。

唐代可谓食用生鱼片的高峰期,流传下来不少反映食用鱼鲙的诗。那时的鱼鲙,不但是宫廷中常见食品,也是平民百姓家的日常菜肴,甚至出游时也会就地取材。宋时食用鱼鲙依然很普遍,其后日渐式微,起码在明清小说中出现的频率远低于唐诗宋词中。明代以后,鱼鲙的食用基本从文献中遁迹了。

资料显示,宁化鱼生是唐代客家先民南迁时,从中原带来的食鱼技艺。这种原生态美食,在大致同样时间也传到日本。中国鱼鲙以河里的淡水鱼居多,岛国日本的刺身则是海中之物。不知是否由于肠道传染病和寄生虫这一类致病因素影响,中国鱼鲙走向穷途末路,而日本刺身则大放异彩。其实,追究此类问题,绝非泱泱华夏风格。美食就是人世间共同的非物质文化遗产,别管它谁创造,谁传承,只要千古名菜能在典籍里醒来,让世人感受到它的美妙神奇,便弥足珍贵,便是人类的共同财富。

逗留宁化期间,听说有人在大山里恢复传统,用山泉水养草鱼。发小丘和我开了三十多公里崎岖山路追到那里,但见山坳间的水塘一层层错落而下,边上一条从山顶流淌下来的山涧喧哗热闹,其间的水不时被竹筒引进水塘,然后再回流山涧下泄。这样的姿态,算是标准的山泉流水养活鱼了。据养鱼农民讲,鱼苗吃水里虫子和小米藻(当地对一种米粒大小的浮萍的称呼),大了吃鱼草,饲料只是阶段性补充。养满两年能长到四斤左右。现在,这里正在挖小鱼塘,控制一平方米入住两条鱼,而且要筑好塘底,确保水清不浑。去年是这里山塘养鱼的第二年,收获了一千多斤,以高于市场四倍多的价格,全部被闻讯而来的人买空了。

临走前,我忽生念想,买一条回去现切,让舌尖感受一下山塘鱼的与众不同。发小丘好歹是该县科局长级角色,人家不看僧面看佛面,一边操起渔网准备捕鱼一边回道:"用钱买我就不去捉了。这个季节大鱼不多,运气好捉得到手就送你一条。品尝好了再来买。"

回到县城,直接把那条鱼提进一家熟悉的酒家,当场再看了一遍厨师切鱼生表演。这期间,看到剖开的鱼腹内居然也有一层黑膜,很是扫兴。据生物专家说,那是鱼类阻隔重金属污染的保护层。如今,化学污染全球一体化,再山野化的环境,也有可能被波及。决定养鱼前,当地水质是否经过专业机构检测?宁化盛产钨,源头土壤是否被伴生物铅锌等重金属污染?

记得是十多年前,在澳大利亚凯恩斯当地人家的别墅院子里,看到一株长得枝繁叶茂的杨桃树,树下落了一地黄灿灿的硕大杨桃。当地人说这里的土壤没经过化验,还是市场买的更放心。而我们呢，只要用农家肥，不管它有没有禽流感、口蹄疫、寄生虫，只要不喂激素饲料，不喷膨果剂、杀虫剂，不乱下化肥，不是转基因，就已经是超级健康、安全的食品了。

基于宁化鱼生的好口味，2008 年，首届海峡两岸客家美食“丰桥杯”大赛上，宁化鱼生喜获金奖，被誉为客家第一大菜。

如今，在当地菜馆里，宁化鱼生的制作很普遍，食客亦趋之若鹜。依我的观察，切鱼生并无太高门槛，特别是当下简化、快捷的操作方法。用几个月学好刀工，观摩几遍切鱼生的过程，再听老厨师讲讲经验要点，出师上案台就可以操刀上菜了。

离开宁化前，和当地一位八十多岁的文化人聊天。他告诉我们，在他小时候，鱼生这种美味就只有农历八月中秋前后才吃得到，特别是那三天的庙会。世间万物生长有序，冬天休眠，开春繁衍，炎夏易腐不卫生，唯独秋天万物成熟，秋凉好吃鲜。当下，我们已经进入商品经济时代，一般品质的食材遍地皆是，只要你想吃，就有人敢给你做。

曾经，有位朋友对我说，宁化鱼生的确好吃，可是万一闹起肚子来也是很吓人的。这里说的还只是操作不卫生，大肠杆菌超标。倘若是化学污染，扎根身体，哪里肯出来！

依我看，必须将传统鱼生一整套繁文缛节的技艺恢复起来。譬如，严苛条件下的山塘养鱼，保证食材好品质；不可或缺的抖鱼和放血环节，去腥气增鲜甜，强化鱼肉的嫩脆。食材是有生命力的，你善待它，敬畏它，它才会绽放出绝美的滋味和营养。通过自抬门槛，自设烦琐，提升宁化鱼生的品位和附加值。唯其如此，才能避免这道源远流长的中华美食再次误入死胡同，昙花一现。

海蛎泊在我们的生活里

前两年,网上有篇微博火了。在一篇名为《生蚝长满海岸,丹麦人却一点也高兴不起来》的文章里,丹麦驻华大使馆称本国海岸遭遇外来物种入侵,太平洋牡蛎挤对了土著生蚝的生存空间,当地人束手无策,亟待拯救。

文章在微博和微信朋友圈被大量转发,一方有难,八方支援,中国网友的"国际共产主义风格"泛滥:"请开放免签入境,让我们组团去救灾!"

接下来,大使馆微博又发出了吃蚝线路和攻略,介绍了以太平洋生蚝为卖点的旅游景点。至此,人们明白过来,这是一场花了心思的商业策划。

世界金融危机后,向来光鲜的欧洲经济垂头丧气。不错,中国人确实精神抖擞,出国旅游人群走向哪里哪里旺,吃住行游购，拉动当地经济指数飙升，但以为中国人属于“吃货”民族，牛到可以用一张嘴来拯救他国生物的泛滥成灾，那是老外没文化，特别是没有烹饪文化。

对付生蚝，外国人基本就一种原始吃法，活剥生吞。即便淋上柠檬汁来助兴，还品出了什么矿物味、金属味、瓜果味、烟熏味、坚果味、奶香味……一天里又能下肚几粒！中国人可是烹、炸、氽、熘、糟、蒸、煨、醉，十八般武艺齐上阵，愣是能整出一满桌的生蚝宴，拎上两瓶白酒坐下来，你说这一桌十个人将消灭掉多少粒？

生蚝就是牡蛎，北方叫海蛎、海蛎子，福州叫蛎、蛎仔，闽南叫蚵、蚵仔，台湾除了闽南的叫法，还多了一种昵称——蛎房，女人腔十足。广东的生蚝叫得最响亮，被普遍认可。严格意义上的“生蚝”，是粤港澳人为了将鲜蚝与煮熟晒干后的蚝豉区分开来的叫法，这里所谓的“生”，显然是海产品鲜活、生猛之义，而不仅仅是“可以生吃”的海蛎品种。

历史上出现过多种海蛎养殖方法，废壳引苗的，投石附生的，插竹聚长的，还有用绳子悬挂和笼子吊养的。品种也很多，入侵丹麦海岸的是太平洋牡蛎，属于繁殖迅速的大块头。福建沿海主要养殖个头小的褶牡蛎等品种，壳薄肉腴，味甘不腥。蛎肉小指头大，闽人通称其为珠蛎。

有位从小在闽东霞浦县一座海岛上的外婆家长大的文友，写过一篇文章回忆孩提时的食物——焊蛎包。那物在油锅里炸成金黄色，外酥里软，与福州风味小吃焊蛎饼类似的叫法,因为米浆里埋有海蛎得名。顾名思义,大凡“包”总是要比“饼”来得厚实丰满。海岛的焐蛎包奢侈到满满一肚子的海蛎,现在的人当宝贝,但小时候的文友饭桌上餐餐见之,一看到那些比碗口还大的焐蛎包便嫌弃。孩子童蒙无忌,不喜欢就是不喜欢,唯恐避之不及。大人也知道孩子们腻味了,吃不下一整块,就对切成四份,中午吃不完的,晚餐油锅里煎香了再端上餐桌。孩子们躲避鬼怪一般,筷子从不往那个盘子里伸。后来去县城读书,同样是寄宿生,她非常羡慕其他同学,人家的早餐配的是咸橄榄、豆腐乳,而自己面对的永远是渔村托人带来的海蛎、螃蟹,闻味生厌。

这种被世人誉为“海中牛奶”的营养美味,在它的盛产之地,居然曾经如此讨人嫌,显然让置身其外的人无法理解。

说的这个海岛位处闽东三都澳北端,因盛产一种拇指粗的竹子,叫竹屿。其陆域面积只有大约 0.2 平方公里,岛上无田可耕,无山可垦,人们以养蛎为业。早先,渔民捞取海蛎空壳广布滩涂,引诱海蛎附苗生长。如此循环反复,产量极低,还为鱼蟹所食。渔民以石块圈围防护,又常遭风浪倾覆。后来,改斫盛产之竹围插护之,潮起晃动,鱼惊不入。这一招歪打正着,收获季节时,竹竿上竟然海蛎叠生,大获丰收,遂名竹蛎。明嘉靖年间,岛上郑氏先人留下一本《蛎蒱考》,对插竹养蛎的发明过程与养殖技艺进行了详细记载,成为我国首部系统介绍竹蛎养殖的专著。

竹屿海蛎算得上是纯天然的海产品,当地渔民只是利用其生长规律聚养收获而已。每年小满到芒种期间，是本地海蛎繁殖期，海蛎苗活跃于水流湍急的潮间区，扦插竹子便可引种。等竹子附上芝麻大小的海蛎苗时，再移到盐分浓度较低的海涂潮间区养殖。三都澳属内海，地形口小腹大，水域面积700多平方公里，出水口宽度仅2.6公里，是世界上少有的内海天湖。靠其北端的竹屿东北向内澳滩涂地势高，潮水早退晚淹，港汊边的竹蛎全部裸露出水面，充分吸收阳光，当地人称之为干露蛎。

一个冬天午后，我走上退潮露出的汐路桥，看暖阳下的干露蛎，它们的闭壳肌竞赛似的收缩，随着贝盖闭合，挤出的水线此起彼伏，在太阳下画出亮晶晶的弧线，小生物们一派怡然陶醉的样子。晒过太阳的干露蛎，味鲜口感爽，蛎汁还带点浅绿。竹屿本洋的海蛎品种肥美甘甜，当地人叫梅蛎、剐蛎或八月蛎、十月蛎。

由于一代代积累下来的养殖经验和技艺，20世纪五六十年代，当地海蛎成为出口商品，竹屿也成为国家海蛎出口基地之一。时至今日，竹屿的海蛎养殖面积和产量，在霞浦县渔村中依旧独占鳌头。

在那些交通运输不便的年代，食物保存成了最令人伤脑筋的问题，一年年的丰产俨然惹来一次次烦恼。20世纪六七十年代初，闽浙沿海就曾经出现过吃“爱国黄花鱼”伤胃事件。每年春节前，是海蛎最肥美的时节，收获上岸的海蛎堆积如山，除了一船船运往宁德、福州等城市一路卖去，还可以晒成海蛎干，或熬成海蛎露。海蛎露装入陶瓮保存，随时可以用这种增味品来拌青菜、蘸海蜇皮、炒面、煮粉干……这个季节里，渔村竹屿的空气里都能拧出海蛎鲜甜的腥汁来。

卖不出去的海蛎只能自产自销当饭吃，想着法儿入嘴，变着花样充饥。到了收获季节，传统撒一把盐的白水煮法已然行不通，必须通过食油、鸡鸭蛋、番薯粉、黄酒、酒糟还有葱、蒜、芹菜、生姜这些辛香配料，来调剂甚至改变海蛎的原始气味。多少个收获季节过后，便形成琳琅满目的竹屿海蛎宴，概括起来，它们大概是：海蛎饼、海蛎枣、红糟蛎、猪油蛎、盐腌蛎、海蛎煎、烤海蛎、原汁炖蛎、海蛎抱蛋、海蛎五花肉、海蛎片、海蛎饭、海蛎豆腐汤……

这样的家常菜，往往就是中华的美食之源，它们从山间、海隅的村落走来。中国人的生存压力向来如山大，为了种族延续，就必须扛过温饱关。民间智慧在这里绽开了一朵朵自然之花，其后再经过都市巧手的调整与修饰，进而是官权、皇权浸染，就有了精致绝伦的中华美食。

肥腴爽滑的海蛎，是世界公推的大海美味贮藏器。然而海蛎却没有像闽地的其他山珍海味如西施舌、香螺、黄瓜鱼那样在宴席上占据一块地盘，成为闽菜里的经典菜肴，这个问题让人百思不得其解。也许，海蛎这种食材从味道到品质都桀骜不驯，难以与其他食材和谐融合。

一直以来，闽地以海蛎入馔的菜肴仅停留于家常菜，撑到顶了也只是进入地方风味小吃的范畴。竹屿海蛎宴让我想起了一道闽都人餐桌上喜闻乐见的菜肴——炣豆腐蛎。

20世纪90年代以前，这道羹汤菜只出现在冬天，此季海蛎已过生殖期，其体内的营养成分逐渐增多，肥腴鲜美。闽都有俗谚曰:“九月观音诞开蛎门，二月观音诞关蛎门。”闽都人认为，海蛎性宜寒，风雪季节尤其肥美，过春风天渐暖，则肚烂不可食。观音菩萨出生日为农历二月十九，坐化日为农历九月十九。俗谚挑明了吃海蛎最佳的起始日子，海边的渔民则没有那么多讲究，更为直截了当：冬吃牡蛎夏吃蛤。

现代育种和养殖技术高速发展，让古人望洋兴叹。如今的海蛎不仅长得快、长得大还长得多，一年四季都能吃上，但滋味、口感与传统遵循时令季节养殖的不可同日而语，物丰价廉味不佳。因为不讲究应时应季，出水时经常是海蛎体内养分被消耗殆尽之时，对这样的海蛎，闽都人形象地称之为“烂肚”。

过去，闽都有个习俗，新婚大喜翌日，长辈都要安排新娘“试鼎”，就是下厨房做饭做菜，考核新娘的烹调手艺。这时，婆婆会邀请母婆、婶婆、姑婆等长辈亲戚前来围观，提议这道菜该怎么炆，怎么炣，怎么炟，怎么煎……从持刀切菜，剖鱼剁肉，甚至到油盐酱醋的使用，都可以出题考查。正月前后新人多，试鼎科目非炣豆腐蛎莫属。这碗汤羹菜所选用的食材，在闽都方言里，全是吉利中听的词。豆腐的“腐”谐音“有”，大喜临门，什么都有，这可是好兆头。海蛎，闽都人也叫“蛎仔”，谐音“俤仔”，小男孩的意思。早生贵子，新娘的俤仔来得越早越好。这碗羹汤一定不会落下青蒜，起到增色去腥作用，它也是应季菜，“蒜”谐音“孙”，子孙满堂。这一切，都是婚嫁人家所企盼的。

汤羹是这样炣成的：芹菜用刀侧轻拍后捏汁去涩，和青蒜、白菜、水发香菇一起切成丁状，下油锅热炒出香，虾油炝锅，吱的一声烟起，再添入清水，放进切成细条状的豆腐。一定要有点石膏的水嫩豆腐。最后入锅的是蛎仔，加虾油调味后，改中火慢炣。这样能把蛎仔身上的海洋气息统统唤醒，并渗入味道薄寡的豆腐里。这就是闽都话“炣”的精准意思。常言道“生葱熟蒜”，青蒜煮久了依旧碧绿亮眼。起锅前，再撒胡椒粉，并用湿番薯粉勾浓芡。

这碗汤羹颜色清淡，灰白里点缀着青绿、黑褐，质地细润丰腴，嫩若羊脂，稠滑羹汤含在嘴里，牙齿不用费劲，自己便往喉咙口滑，鲜美味道就一点点地在温吞里滋润开来。隆冬寒夜，它可是温暖五脏六腑的一碗羹汤。记得母亲总是要求我们用调羹舀，从来不让筷子伸入汤里夹料，那样翻来搅去，碗里很快就会汤水稀清。芡汁有妙用，不仅保温储味，还能让汤羹滑润可口。

品完北边湿的汤汤水水，我们再来吃吃南边的干炸货。在漳州，蚵仔煎的名气极大，号称当地饮食的一个符号。闽南语里有一句俗谚：“肥蚵仔，肥韭菜。”说的是农历二月，第一茬韭菜新鲜上市时，也是蚵仔最为肥美的季节。韭菜、蚵仔堪称一组绝配，灰白配碧绿，养眼提神；软润配脆爽，愉悦口感；鲜甜配辛香，祛腥增味。往切段的韭菜和蚵仔里敲入一两只鸡蛋，加番薯粉、大米粉和盐，用清水搅拌成浆，倒入热锅冷油里，煎至两面蓬松酥黄。起锅趁热咬一口，外皮酥香爽脆，内馅软嫩饱满，韭菜淡淡的辛香里还纠缠着一丝蛋香，海蛎的鲜味被推搡着顶上了天。在韭菜谢幕的季节里，也可以用青蒜替代。

漳州蚵仔煎的独特之处还在于讲究配料。把萝卜片薄如纸，加盐搅拌后逼出苦涩之水，再用糖醋腌渍成当地有名的“菜头酸”，佐餐蚵仔煎，消荤解腻，香嫩可口中还有酸甜微辣。当然，也可选择芫荽、蒜泥和甜辣酱，同样一款漳州风味小吃，可以吃出不同滋味来。倘若配上一碗漂着青蒜的蚵仔汤，细咀慢嚼里呷上一口，品出香甜酸辣咸五味的美妙来，那就很有点漳州老牌市民的样子了。

蚵仔煎是福建名小吃，也曾经跻身台湾小吃销售排行榜第一名。蚵仔煎征服了闽南人和台湾人的嘴，不仅产生了漳州风味，还有台湾风味、泉州风味、厦门风味，它们在选料和做法上大同小异，是一种海峡两岸人同样酷爱的风味美食。在这里，地方风味小吃和方言产生了千丝万缕的联系，凭借语言认同，一种美食可以跨地区过海洋，在味蕾里烙上相同的印记。

漳州人还可以把蚵仔做成另一种小吃——蚵仔面线。用盐轻轻抓洗后，蚵仔沥干水分，粘上番薯粉后投入煮沸的滚水锅里，轻轻抖散，使蚵仔各自为政，焯瓢再捞出。油锅里爆香红葱头，加入高汤、胡椒粉煮滚，再下氽烫后的面线，倒入蚵仔，以淀粉勾薄芡，出锅前加入适量蒜末、芹菜、青葱，面线的细滑加上海蛎的软嫩，滑润香腴，让人很是馋涎。

相传,蚵仔面线源自农耕时代的面线羹,是主妇们烹煮给农耕者的点心。为了方便多人食用,通常将面线煮成一大锅。濒海的漳州盛产蚵仔,它被当成配料随手丢进锅里,由此演变成蚵仔面线。

对闽南人的饭桌来说,蚵仔就像四川人的辣子、朝鲜人的泡菜、东瀛人的芥末,它是闽南人典型的海洋美味包。而漳州往南去的岭南地区,粤菜师傅干脆将鲜蚝肉酶解,取汁浓缩,再加进食糖、食盐、淀粉等辅料,精制成营养价值颇高的调味品——蚝油,让生蚝的鲜美香遍每一道菜肴。

如果这样,即便不能单独登上经典大菜的殿堂,对海蛎亦无碍。

陆之醇

包裹起来的乡愁

忽然来了一种情绪，一遍遍翻搜故乡残留于味蕾的记忆。那是20世纪六七十年代的事情，尽管古汀州饮食享誉一方，却也只有烧卖这种美食算得上是正儿八经吃过。

偏偏有一段时间里，我莫名其妙地感觉“烧卖”这两个字土得掉渣。这大概源自父母远离省城老家，在闽赣边城生下我，使我养成一种卑微心理。就像一丛蓬勃野草被连根拔起，还抖掉根须缠着的泥块，少年时，随父母工作调动，我被移栽到更大的一座城市，生长土壤不同了，进而有了一种自惭形秽的比较。工作后的一次出差，在大上海的豫园与江南名点烧卖猝然相识，还知道了这“烧卖”二字属中原南传古语，我才开始清算起自己曾经的无知和狭隘。从此，对故乡的饮食有了客观的态度。

同样叫"烧卖",两种食物差别挺大,不仅外观和做法,所取用的食材也大相径庭。作为生我养我的故乡,宁化这座闽赣边城的客家烧卖当然别具一格。历经四十多年的时光淘洗,只要一经唤起,它那外皮的软滑、那馅料的浓香,已然鲜活于味蕾。

故乡的风味小吃,无疑是一条隐形丝线,它牵扯着过去和当下,一旦触及,那些褪了色的记忆便如春风里的山花艳丽绽放,抚慰游子的心田。过往的一些场景,恍然唾手可得,如在目前。

年节里的客家人最好热闹。初一那学期的大年初三,班上有位年龄大的农家子弟邀同学上他家玩乐,管吃管喝。我们几个要好的玩伴都去了。土墙房里的厨房不亮堂却好大一间,在他母亲吆喝下,同学的几个姐妹,有的把煮熟的菜芋仔剥皮堆在大簸箕里,有的用锄头似的锅铲把它们捣烂,拍压成泥,还有的用擀面棍把番薯粉擀压成粉,再撒到芋泥上,反复不停地揉搓,使之均匀一体,其间还要加一点盐,最后揉成软硬适中且不粘手的粉团。随后,她们端来木凳围坐于簸箕旁,从粉团上揪下一小块,手沾番薯粉,搓圆再压扁,双手托着,十指灵巧地转动起来,拇指就势按压。很快,捏成底厚边薄的茶盅形状。

宁化地处闽西,这里遍布山地丘陵,气候适合主杂粮兼种,除了大米之外,番薯、芋仔、雪薯等淀粉类的农作物,就是主粮的候补。"半年薯芋半年粮",宁化这句俗语反映了这种情况。在当地,烧卖这种食物既是填饱肚子的主食,也可以当菜下饭。烧卖也叫芋子包,是客家家庭年节必备的菜肴。客家女孩倘若不会做烧卖,一定会被街坊邻里讲闲话,嫁人时就多了一个缺点。

说话间,另一头,同学的母亲已经将猪瘦肉、鲜冬笋、水发香菇切成丁,再把切块煮得半熟的白萝卜剁碎,包在纱布里挤去水分。然后烧热锅里的猪油,放入切碎的馅料和虾皮,旺火煸炒,接着再下萝卜馅,拌入葱花,调好咸淡后,起锅装盆,端到簸箕边的横案上。

只见众姐妹把捏成的"茶盅"托于掌心,调羹舀入馅料再拢起,一只手掌托着,微颠"茶盅"使之旋转,另一只手的虎口不停朝里轻按,将"茶盅"的撇口逐渐整形压拢,最后捏成上小下大的塔状生坯。一个个摆上竹筛,顶端蓬松如花蕊,故意不封紧的小豁口还露出青葱等馅料,一副好笑的秋天石榴咧嘴状。据说这露馅豁口透气,同时兼具好几种功能:青葱不会被焖黄;里面蒸热的汤汁不至于挤胀破皮;保持馅料透气,隔夜依旧新鲜不变味。

随后,烧卖生坯纷纷进入蒸笼,同学母亲手指蘸水再抖洒其上,盖紧蒸笼,烧旺火大约蒸十几分钟就可以了。

有意思的是抓烧卖上桌,这事得大人做。刚蒸好的烧卖软软地贴在蒸笼里,很烫,必须快手快脚出笼。为了不粘手和降温,同学母亲手指蘸了一下碗里的冷水,还是抵不住烫,又恐强取烧卖破,手伸进伸出数次,才钳出一粒。千难万险中一个个捏进盘,摆妥,淋上酱油、麻油便端上了桌。

少年时的情形,开始在舌尖上一点点生动复活。

长睡醒来的味蕾，再次把我拽回故乡已是四十多年后，在县客家小吃协会的指定作坊，负责人小钟把现包的烧卖蒸了三粒端到桌前。热烘烘的烧卖软软地委坐于瓷盘，塔状矮圆，更像咧口的石榴了。带点灰紫色的外皮油亮软嫩，一副珠圆玉润的样子。

美食当前，没时间客套，少年时的经验告诉我，烧卖必须趁热吃。当即竹箸夹起，轻咬一口，有小小的黏性却不粘牙，同时，满嘴软糯滑润，尾随而来的是绵密柔韧的齿感。这说的还只是皮，馅料的鲜香那是不容置疑的，鲜冬笋的爽脆尤其令人难忘。

一旁的小钟看我吃得眉开眼笑，顺便介绍了起来。

运到外地的速冻烧卖没有这么好吃，芋皮必须再加番薯粉，这样才能成形。要是早来一个月，还会更香。宁化老话讲："七月葱八月蒜，九月荞子泥里钻。"立春一过，本地香葱就不长了，四季葱倒是一年到头都有，但它有甜无香，而且植物纤维粗，吃在嘴里有渣渣。做烧卖的关键在皮，第一是挑选芋仔，我的土办法是小刀扎个孔，流出白汁的才煮得烂，要是流清水，那叫芋鬼，永远煮不烂。然后是煮芋仔，锅里的水要刚好淹过芋身，煮到水干芋也烂了。要是水放多了，芋仔也吸得多，那就要多加番薯粉才能揉成面团，番薯粉多了皮就硬，皮硬了当然不好吃。还有呀，番薯粉和芋子的比例要控制好，大约是三比二，如果在芋泥团里加几调羹猪油揉进去，面皮的口感会更嫩滑。

其实，我这次回来，是被一些故乡美食的文化背景勾引来的，而且还大致遵循了它们的时令季节。客家菜里的这一类美食，还有米包子、裹包子、芋子饺、厥须包、簸箕板等一系列包馅裹馅食品。它们的制作工艺，类似于北方的水饺和包子，却又有不同。它们都是皮熟馅熟，利用大米、芋子、番薯、木薯等磨成的粉制成皮来包裹馅料。

相传包子起源于三国，是从诸葛亮祭江的“蛮头”演化成馒头而来。魏晋时，又细分出了面食制品包子，以馒头的别称而得名于宋代。发展到后来，中原一带称无馅的为馒头，有馅的为包子。而饺子，东汉时已经被发明出来。在中国北方民俗中，除夕守岁吃饺子，取“更岁交子”之义，“子”为子时，“饺”与“交”谐音，故而饺子是任何山珍海味都无法替代的重头大宴。吃饺子表达了人们辞旧迎新、除晦气、庆团圆的心愿。黄河流域文化中的面食制品可谓泱泱大家族，而且源远流长。

研究客家美食的专家得出如此结论：躲避战乱的客家先民，长途迁徙到东南一隅的闽地，始终无法忘怀故乡的面皮包馅食物。这种食物深深嵌入他们的生活，祭祖拜天地，辞旧迎新岁，哪一项都少不了它。在气候燠热的南方，巧媳妇难为无米之炊，他们苦于无麦无面。当然，活人从来不会被尿憋死，客家先民以当地盛产的谷物、番薯、芋子这些个主杂粮做包馅皮，经过彼此间的反复掺兑，从一次次的失败中，找到一种既能包裹起馅料、口感又美妙的制作工艺，了却了满腔的思乡之苦。让前人不曾料到的是，青出于蓝又有别于蓝，就此创造出一种不同于母地的经典美食。

与小钟约好，次日去看她制作另一种裹馅美食——米包子。所谓米包子，顾名思义，就是用米做皮裹出来的包子，它和烧卖一样，都是客家菜里的“中华名小吃”。名为米包子，外形却是饺子的模样，外皮也与烧卖迥然有别，馅料则将香葱换成韭菜，萝卜换成芥菜心。

小钟笑着说，想知道米粒如何变成米面皮，必须凌晨四五点起床。看来，特色美食总是离不开起早贪黑。根据少年时获得的农家经验，听小钟介绍后，我将这个过程逐一还原出来。黏性不强的本地籼米洗净浸透，磨成米浆，沥水到半稠时倒入大铁锅，温火慢慢熬制，看差不多固化，下油用山锄一般的大锅铲全力炒到七成熟，铲起置于簸箕中摊凉。然后双手蘸上食油搓揉，边揉边撒入少许木薯粉增加柔韧性。制成米包子外皮，关键在于制作的米面团要色泽白亮、软硬适中，还需要有一定的黏性。

次日，等我们到的时候，包裹好的米包子已经一板板上架。工作台上，还留着一盆黄绿褐白颜色交错的馅料，就像“客家小吃协会”编写的菜谱介绍的那样：切成细丁状的猪瘦肉、鲜冬笋、水发香菇、虾皮炒熟后，拌入切段韭菜和剁碎的芥菜心。

山里人有意思，他们对海鲜充满幻想。当地所有包馅食品的馅料里，总是少不了虾皮。哪怕只是一丁点，也算是布局了山海之味。

与做烧卖皮类似，揪一小团米面，沾上木薯粉搓圆压扁，手指蘸点食油，捏成圆圆的薄皮，舀入馅料，米皮对叠，拇指和食指一折一折锁合米包子裙边，再按贴密实。那一板一眼的手艺，如同在编一缕缕小辫子。最后，捏成半月形模样。因皮薄馅熟，放蒸笼里蒸上十分钟即可出锅了。

拒绝不了小钟的热情，又让她蒸了一盘米包子端上桌。米包子色泽白亮玉润，呈半透明状，韭菜翠碧，隐约渗透出来。白绿两色相配，俨然一件艺术品，秀色可餐。一口痛快咬下，外皮不仅仅是烧卖那种单纯的滑润，在紧实的软糯里还有一种沙沙的糙，那是粉状籼米的齿感，极舒服，极别致。嘴里的米香、肉香、菜香相互交融，滋味一下子丰满起来。鲜嫩韭菜的辛香最持久，霸气而张扬，很有将春天一把痛快揽于怀里的快感。

在客家祖地宁化的那些天里，天天品尝包馅美食，夜里依稀做过一个关于食物的梦。努力回忆起来的残片里，发现少年的我，虽然还是只山里旱鸭子，却尾随着一群虾米的味道潜进了大海，周遭包裹着玻璃似的鲜蓝，大海让人倍感神奇美妙。

小钟告诉我，在宁化，米包子还有一个专有名叫韭菜包。韭菜包从来就是时令菜，是开春大菜。元宵节过后，头一茬新发韭菜虽然短小，杂有枯叶，剔洗费劲，但颜色翠绿可爱，最嫩最香。割一次长一茬，大约割到四五次，口味才寡淡下来。正月里经过霜打的芥菜最甜，这个时候马上就要开花，芥菜心也长大了，最后一拨冬笋再不挖很快就要老掉。有笋没笋，那个味道可真是差很多哩，所以这个季节的米包子最有吃头。

小钟还说，不是这个季节，他们一般不接米包子订单，吃力不讨好，弄不好还会败坏"中华名小吃"的名声。做米包子面皮的难度最大，易碎易烂还不好成形，做这样的食物要多花心思。过去，是有钱的大户人家才吃得上米包子，家里来了贵客才会出笼上桌。它能让你吃到春天里最香最浓的味道。

这么多年了，直到如今我才明白，孩提时我为什么吃过烧卖，却连米包子或韭菜包的名字都没听过。它一年仅一季，费工耗时，显然还不属于大众食品。

哦，衷心感谢那些敬畏季节并为之坚守的人们。

故乡的滋味，脱水后被包裹在岁月深处，一经春雨滋润，便又像沃土上的野草那样爆芽舒展，依旧那般质朴和纯粹，在心里却多了一番别样的味道。

这么多年来，闽赣边界那一座小城的人和事发生了无以逆转的改变。到了一定年纪，过去不上心的人和事，水泡一般，从心底一个个冒上来。次数多了，怀乡之情让人心神不宁，而那些始终不变的美食则抚慰了这样的朝思暮想，使我们心气平和。

老鼠上桌啦

夏天的时候，发小丘来电说，我们当年的美术老师，让他帮忙买老鼠干。老师北京朋友的孩子尿床，试过很多偏方，都不见效。千里迢迢的，居然打探到闽赣边城的宁化老鼠干对此有奇效。我是曾经的当事人，发小丘想在我这里讨到理解：这要等到秋后呀。

长年蛰伏于记忆深处的一道菜，就这样仓促间被唤醒。

事情发生在四十多年前，时过境迁，如今自己也是老油条了，完全可以装作事不关己，高高挂起。小学高年级那一两年，我患上一种毛病——其实谁都有过，只是身体长到一定时候还不见消失，遂成了病症。

夜深人静的梦里，常常漫山遍野疯玩，很快就如热锅上的蚂蚁，急急找到一条水沟或者一个瓦罐面盆，甚至是一只空雨鞋，横直盛得住水的都行。紧绷绷的身体瞬间松弛下来，愉悦无比——然而意识几乎同时惊醒，立马感觉身上被子、身下棉垫的湿冷。这样的事情，往往都发生于冬夜，让人感觉你是畏寒，懒惰了才不肯起床的。一整个冬天下来，母亲的耐心消耗殆尽，屋里数落不解气，在晾晒被单的院子里也开始唠叨。一次次羞愧无颜后，我甚至有了犯罪感。

父母亲都是“土改”那年到闽赣边城宁化参加工作的，听了本地同事指点，把当地特产老鼠干当药来治我的病。依稀记得，这是专治小孩尿床之药，民间有“老鼠干猪肉价”的说法。后来，在那些“北风呼呼地吹”的天寒地冻之夜，当我再次梦游到水沟边时，居然能够一次又一次捞到救命稻草似的猝然醒来。

20 世纪 70 年代，整个中国都在温饱线上嗷嗷叫，人们腹空嘴馋，吃到米饭青菜之外的食物，总能刻骨铭心。治我毛病的“药”，可是大名鼎鼎的古汀州八大干之一，一道传统的美味珍馐。节俭了一辈子的母亲不惜血本，真把那道名菜当成了治病良药，在县城赶墟日一次次买回来。多年以后，我曾经调动味蕾记忆，竭力回想当年的滋味，依稀里，既无药味的苦涩酸麻，亦无美食的鲜香可口，也许这便是药混进美食后的一种另类感觉。

四十多年后的某天，随省里一拨作家赴宁化采风。当地宣传部门领导在介绍地产时说，宁化老鼠干可以治小儿夜尿，有补肾强身功效。想起孩提时的亲身经历，我窃笑——半个世纪快过完了，说法依旧。

告诉别人我吃过鼠肉，听者好像想从椅子上跳将起来，一脸匪夷所思还做恶心状。

人家的第一反应，这老鼠便是令人无比厌恶的家鼠。那可是个污秽龌龊的小赖皮，始终躲在人类生存环境的阴暗处。它时而出现在垃圾堆，时而又钻进阴沟，趁人不备还爬上餐桌，咬布袋，啃家具，坏事干尽。历史上它还曾经携带致命病菌，用鼠疫重创过人类。对于毒蛇猛兽，中国人从来就有一种憎恶和畏惧两相纠结的情绪。“除四害”“破四旧”一路到今天，吃蝉蛹、蚂蚱、毒蛇、蝎子，人们已经司空见惯，可是，一旦提及老鼠，很多人还是要惊悚起来。首先感情上接受不了，这不是丑和毒的问题，而是挥之不去的恶心，更遑论进嘴下肚了。

回想曾经看过的影视剧，即便那些强悍无敌的铁汉，也只有在强烈求生欲驱动下，才敢迸出勇气活剥生吞老鼠。

事情有点误会，我们这里说的是仓鼠科的田鼠，而且还经过特别的熏制。田鼠一辈子在稻田里忙于偷盗和搬运，吃的谷物营养卫生。它似乎永不知疲倦，风风火火练体型，最后把一身精肉亮相在了餐桌上。

记得是20世纪90年代的一个秋天，打十六岁离开宁化后，我首次回了一趟出生地。发小丘告诉我，现在名副其实的田鼠干少见，怕遇上无良商贩卖出冒名顶替的家鼠，他专门叮嘱其在乡镇工作的弟弟，从墟场买回两串自炒。我们扯着陈年旧事，一起温习那种久违的味道。喝酒吃菜之时，在故乡这个特定磁场里，依稀的记忆在舌尖上一点点发芽开花。

眼前慢慢拼齐了一幅久违的隆冬小景：简陋厨房里生着炭火炉，父亲和他的朋友温了一壶水酒，斟进牙缸里各自抿上一口，夹块菜碗里的田鼠干扔进嘴里，闭嘴用牙轻咬，将结实的肉丝和细碎骨头一点点分离开来。再细嚼韧性十足的田鼠肉，一副越嚼越香的样子。然后彼此对饮一口，有一搭没一搭地说话。一种简单日子的散淡与闲适，就这样有滋有味地在厨房里弥漫开来。

这道菜实在无法让人大快朵颐，讲究起来，连配饭都不太合适，唯细咬慢嚼才是最出滋味的吃法，是绝好的下酒菜。

很久以后才搞清楚，那道菜是这样做的：剪掉田鼠嘴尖、耳朵、四爪和尾巴，剁成小块，待切成细条的五花腊肉入锅逼出油后，将鼠肉块投入热锅武火油爆，然后推入切好的大蒜、姜丝、牛角椒，再佐以冬笋、香菇丝翻炒。起锅盛盘前，以水酒炝锅，杀腥臊，提鲜味。嗤的声响中，随着一股升腾而起的白汽，荤香四窜，令人舌津涨水。端上桌的盘中，红的椒、绿的蒜、鹅黄的笋片，再压上深褐色的田鼠肉和菇朵白底，色彩鲜明且纷呈，由不得你胃口不开。

这道古汀州客家传统名菜，地道的美味佳肴，堪称当今世上罕见菜品，却从来没有过正儿八经的大名。正宗的宁化老鼠干这道菜也仅此一种做法，当地家庭主妇都能手到擒来。

如此让人匪夷所思的一道菜，为何偏偏是宁化的客家人敢为天下先呢?

都说,古时宁化一带的原住民叫山越,他们向来有吃田鼠的习惯,只不过是茹毛饮血的方式。唐朝以降,中原躲避战乱的客家先民成批南迁。以山地丘陵著称的闽西地域,群山环抱中的宁化,在石壁这个地方出现一片开阔地,其间土壤肥沃。如水流一般南移的客家先民,纷纷于此汇聚,休养生息,这里便慢慢形成客家人的祖地。遥想当年,石壁这个小地方可是人满为患,食物紧缺匮乏。田畴广阔的石壁村,历来以种稻谷为主。三千年前的《诗经》就有“硕鼠硕鼠,无食我黍”,在石壁,以稻谷为食的田鼠自然富集成群,危害农作物。灭鼠增产,为保护庄稼而捕捉田鼠,是不是客家先民加入吃鼠队伍的肇始呢?当年的客家先民可是代表着先进的中原文化,改良一下田鼠烹食方法那是举手之劳。

但是,要吃到宁化老鼠干,必须等到秋收后。

宁化有句谚语:“瞎眼秋,田鼠猖獗庄稼忧。”古语又道:“立秋无日谓之瞎,立秋有雨谓之烂。”碰上“瞎眼秋”的年份,秋季雨水多,水稻成熟后一时难以收割归仓,满个田里都是老鼠丰盛的食物。

以粮为纲的年代,倘若不属于高山地块,宁化县境内基本种植双季稻。立秋前后晚稻收割到冬至前的这段时间,正是捕捉田鼠的最佳时机。此时秋高气爽,艳阳灿烂。秋收结束的稻田里谷粒四处散落,田鼠的食物充沛。不用管落雨或出太阳,因为食物多,田鼠四下里活动频繁,容易受诱惑被捉拿。

像很多冬眠动物那样，趁着万物成熟，田鼠也日日饱餐。为储存越冬食物，素以“深挖洞，广积粮”著称的田鼠依然奔忙不休。一年里，田鼠此季长得最为肥硕壮实，一身精肉。

秋收后便进入冬闲，天气也渐渐凉爽下来，忙活了一整年，邀上几个知心朋友，炒一盘田鼠干，温一壶客家米酒，叙旧闲聊冬补，这是联结一个又一个日子的润滑剂。

听说越南人也对食用山鼠情有独钟。记不得是在哪本书里看到一张图片，有个咧嘴欢笑着的越南人，挑着前后各一大摞的铁笼子，就是现在店铺卖的那种，用来抓家鼠的，方方正正，用铁丝编成。整个画面很是搞笑。那情形，感觉即便把捉到的山鼠烹成了菜品，也是索然寡味。

宁化老鼠干这道菜，从捕捉开始就有滋有味。当地的捕鼠能手都会自制竹筒捕鼠器。记得有次放学去野地拨兔草，回家路上已近黄昏，在城边田埂上，看到一个背着一大摞竹筒捕鼠器的人。他低头查看田埂旁的草丛，不时从背后取下一个捕鼠器，朝竹筒里撒几粒米，然后插到草丛里。等他走远，我摸了一个回家，拆散研究。读初一的那段时间里，我酷爱手工制作。眼看钻进家里的老鼠干下罄竹难书的恶事，却没钱买老鼠笼或老鼠夹。竹筒捕鼠器土法制作，简易明了。它基本由竹筒、竹片和苎麻线三大部件构成。选择直径五厘米左右的竹筒，大约就是老鼠身体的大小，锯开一节，保留另一节。竹节外凿开个口，插入一根竹片，竹片顶端扎上苎麻线，像竹弓那样压下，苎麻线另一头拴块小竹片，其凹槽钩住锯掉竹节那端开凿好的小方洞，这就成了触发器。同时，还得拴上个苎麻线套。竹节从底向上锯开约四分之三的一道开口，把苎麻线套藏入口子里。田鼠吃到竹筒底的米粒前，必须先顶脱小竹片，竹弓没了牵制迅速弹起，同时线套收起，正好勒紧田鼠脖子。

中国的手工艺人确实巧手又有智慧。放置捕鼠器之处总是杂草丛生，这样竖起的装置，只占个拳头大小的地盘，机关也不会因为旁边枝杈的羁绊失灵。再把留竹节那端插入的竹片露出部分削尖，可以钉在地上固定捕鼠器，也不至于因为田鼠垂死挣扎而使捕鼠器倒覆移位。

辨识田埂边的鼠道不难，田鼠在草丛底下拱出一条隐蔽小路来，显然是为了躲避天敌老鹰。田鼠经常往返的路径，通常被其腹毛磨得光滑细腻，天光一照，油亮亮的。在这样的必经之路上插个竹筒捕鼠器，翌晨收到货是一定的。

捕获到的田鼠，摊放于铁锅内的竹箅上隔水汽蒸，凭经验控制好火候和时间，就可以用手把田鼠毛褪得一干二净。接下来，开膛剖腹摘除内脏，用水清洗干净并稍微晾干。最后一道工序是熏烤，在铁锅底置米糠，把赤条条的田鼠平展于竹箅，扣紧锅盖，先烧旺火后改中火，最后小火熏烤，中途将田鼠翻个身。大约半小时后出锅，以熏到半干为妙，如此，既逼出香味又能保留肉质细嫩。经过这道熏香除腥臊工序，出锅的田鼠，一条条仿佛涅槃了一般，通体油亮红褐，香气扑鼻。再拿几条金黄稻草束起，五只一摞便上墟市了。旧时，有人用大米熏烤，使得老鼠干的色泽更为金黄油亮，细嚼米香浓郁，无丝毫烟涩味。如今，也只有讲究的捕捉者自食时，才可能舍得采用如此奢侈的熏制方法。

还有一种更为原始的方法。劳作时捉到田鼠，就地取杂草烧堆草木灰，把田鼠煨于热灰中，适时取出脱毛，去内脏后，架起树枝烤成鼠干再清清楚楚拎回家。

看过一份资料，说猫头鹰在一个夏季可以捕食一千只田鼠，换算下来，相当于保护了近一吨重的粮食。客家人把田鼠变成一道人见人爱的传统菜肴，成为招待稀客的特色美味。他们祖祖辈辈吃了千余年，这为天下粮仓做出过多大的贡献哩。

当地俗话道："月月兔，月月鼠。"田鼠几乎一月一窝，繁殖力强盛，而且适应环境能力惊人，其群落庞大，打不净杀不绝。

然而，这个雷打不动的铁律，随着商品经济的兴盛土崩瓦解。宁化老鼠干出名了，市场需求扩大了，成了紧俏的特色食品，一些不良商贩便开始以家鼠顶替。除了利欲熏心，也暴露出另一个问题：宁化田鼠日渐稀少难求。在电视里看到的那些美食节目、地方文化特色栏目拍摄古汀州的"八大干"时，捉鼠的现场不约而同都移到了山上。

难道田鼠集体迁徙了？或弃食稻谷改吃山果了？

在宁化期间，我和发小丘专程去了一处乡村边上的山垄田。即便都改种了单季稻，还是有很多田地被抛荒。偶遇进来种田的农民，居然骑着摩托，穿着牛仔裤，田埂边上各色化肥袋四弃，杂草丛里是一排排农药空瓶。田里不见泥鳅螺蛳，草中不跳青蛙……

发小丘说，为了收成，化肥农药用滥了，田鼠失去了生存环境，我看已经被灭族了。如今，即便在当地吃到正宗的老鼠干，也多为山鼠制成。

人类的急功近利、索取无度，最后会不会搭上自己呢？

当人们努力解决了心理障碍，说服自己坐下来，好好享受这样一道古汀州美味时，也许初始的食材已经抽身远去……

发小丘知我。最近一段时间，我对孩提生活地的客家饮食起了兴致。

风尘仆仆到宁化，刚办妥宾馆入住手续，他便道："中午去城西桂花园喝擂茶，我叫了几个你熟悉的同学。"

提及擂茶，脑海立马浮起一幅小时候的场景：保姆胸前挂着玄色粗布绣花围裙，坐在厨房前的矮凳上，大腿间夹个陶钵，两手握住长长的擂持（擂茶的专用工具），均匀发力，擂持顺势以逆时针的方向于钵体内依惯性旋转研磨。说白了，擂茶就是一味草药。这是孩提时的印象。喝没喝过，不记得了，反正对药总是不以为然的。但一支油茶树棍制成的擂持，抵着松蓬蓬的一团青草，与粗糙钵体密切研磨，那种韵律和谐的嗤嗤声，低沉宽厚，仿佛润着青草汁，至今回想起来还是舒心悦耳。

擂茶是广义的，不一定非要有茶叶不可，横直是植物的叶子、花瓣制成的，和现在人爱喝的凉茶、菊花茶、玫瑰茶基本同属一个类别。

店家大姐问罢我们要中份还是大份，操起一把剪刀便往屋后的菜园子去了。我们尾随跟上，那几畦所谓的菜地就是百草园，青草杂生，碧绿得像在淌油。几棵香樟撑起伞一般的树冠，6 月的太阳光被树叶筛下，斑驳跌落于青草上，黄艳得如同绽开的一朵朵花，色彩明快，层次丰富，颇能勾起食欲。

那位大姐蹲在地下，这里揪揪，那里剪剪，只见一撮撮肥腴的青草在脸盆里堆起。当年，我和发小丘都是喂养过家兔的人，倒还认得其中几样。这种是鱼腥草，那种是车前草，还有薄荷、万寿菊……看我们有这等兴致，大姐边采边介绍道："这是铜钱草，这是乞丐碗。"肯定都是当地土名，这两个名字，和草的形象颇为熨帖。

大姐在水池里把采回的青草漂洗了一遍，泡到另一池清水里，便忙其他事去了。我们还意犹未尽，继续辨识，把不认识的拍下来，让手机里的"形色"软件去判定。

正说着，来了位小学同学，他可是高手，中药材专业毕业。人家如数家珍，手势果断比画着，小叶青青、满天星、金钱草、藿香、罗勒、白苞蒿、活血丹……这些青草的功效基本一致，清热利湿，消炎解毒，祛风消暑，健脾养胃，大多属于药食类的辛香草本植物。这里大概有二十来种吧。其实，做擂茶,多一种少一种也没太多讲究。

我们聚在一起吃中饭,聊天叙旧,选择的当然是口感、味道都好的荤茶。大姐起火烧锅,将原先煮烂的花生米、扁豆、豇豆、赤豆和猪大骨汤舀进铁锅里,旺火烧开,再把猪瘦肉切成丝也放进去,盖上锅盖。转身靠近案台,将已经洗好的各种青草剪成段投入擂钵,加盐。所谓擂钵就是陶制钵头,外观口大底小。干这活大姐肯定是老手,只见她因地制宜,倾斜笨重擂钵,一手按之于桌,另一手握擂持,歪首嗤嗤地研擂起来。她的动作娴熟,流畅有劲,韵律感十足。

从外人角度看,一个女人家,手腕再怎么有力气,单手擂久了也是吃不消的。这事我干过,用的是蛮力,没有熟能生巧。我晓得,大姐是顺势借力,就像山谷高高的天上,鹞婆(客家话中的老鹰)摊开翅膀,纹丝不动,废报纸一样随气流飘起飘落。

几分钟后,大姐住手。她转身添柴烧旺灶火,再揭开锅盖,把泡软的粉干捞进锅里。然后,抓起盆里留下的那一撮小叶青青,对我们说:这种草藤节多,擂不断丝,要用搅拌机搅烂。

趁她离开,我探过头细看,擂钵内壁密布辐射状粗砺沟纹,底下绿汪汪地摊着几团青浆泥。粗可盈握的擂持,闻得到香樟气味。擂持也有用油茶树、楠木做成的。它平直匀称,下端已经擂磨成半圆形,只剩下一尺来长,另一头刻有环形浅沟,系着苎麻绳,不用时洗净便悬挂墙上。

不一会儿,大姐出来,把搅拌器里头的糊状青浆倒入擂钵，然后搁盐下味精调味，淋上两调羹茶油，端上灶台。揭开锅盖，将切成段的猪小肠放进汤水里烫熟，再一并舀起冲入擂钵。最后，撒一把炒香的芝麻，再放入切成寸许长的香葱，用勺子稍事搅拌调和后，就往我们的饭桌上端。

这期间，有人走进厨房，递给大姐八十块钱，把灶台里边那钵已经做好盖紧的大份端走了。看来这是附近居民，想吃没空做，这家店做的口味又不错，就此解决了问题。

大家闲聊着，坐在桌前等炒菜上来。屋里弥漫着颇具挥发性的辛香气味。发小丘没吃早餐，饿了，捞底舀了小半碗粉干，其他人也各来了碗汤，啜饮起来。碗里暗绿色的茶汤上，漂着碧翠的香葱段和青草糊。少年离开这里后，在异地多年，才听人说擂茶怎么怎么让人过瘾。

学他们趁热入嘴，心怀忐忑，只敢小抿一口。汤的滋味不错。口腔旋即被一种植物的清新和野草的爽快霸占，仿佛山间田野游荡过一缕清风，接下来就有一股敦厚的辛香味从鼻孔喷薄而出。怎么说呢？原本以为一定是辛辣刺激的，因为单单一种鱼腥草或者薄荷，气味已经够锐利了。眼下，这么多种芳香植物汇聚一团，浓烈气味彼此针尖对麦芒，好似自行磨钝了一般，蜕变为陈茶那样一种馥郁醇厚的浓香。口舌间，有种薄荷的清清凉意袅袅晕开，很快，神清气爽胃口开，口舌生津腹舒畅。喝到后来，旋转风扇吹过来，发觉额上居然沁出一层细汗。

这顿中饭，擂茶相当于我们下饭的汤，吃起来也别具风味。

发小丘说，店家是宁化客家祖地石壁人，那里的擂茶公认为全县最正宗。20 世纪末，在石壁附近发现了一座唐末专门烧制擂钵的古窑址，器具丰富。1993 年撤乡建镇时，石壁镇是由禾口乡更名而来。历史上宁化西部缺水，较穷，当地人生性又比较强悍。城关人看不顺眼时，骂那僻地来的人只用一句就够了："禾口钵子。"可见擂钵这种独特的生活器皿，是经全县人民认证专属于石壁镇的。

早先石壁擂茶也用干叶。将老茶树叶、雪薯（淮山）叶、嫩山梨叶、大青叶焖煮后晒干备用，煎茶时取干叶泡软再擂烂。青草肯定也没有如今这般丰富，只是根据时令、用途不同灵活选择。发小丘的奶奶便是地道客家人。晚饭的桌上没有汤了，擂一钵茶；身体哪不舒服了，擂一钵茶。反正，三天两头找理由炮制一下。

宁化擂茶的用途可分为待客、充饥、解渴、治病等，进而还有荤素之别。我们喝的这种，属于商业化产物，味道可口，适口性最佳，为南来北往的食客所普遍接受。

擂茶的多变自有其历史原因，可以追溯到它的前世。翻阅了客家先民一路南迁的资料，一些尘封久远的信息，拼合成画面浮现于眼前。

场景一：六月南方，山峦层叠，林深路隘。山坳空地，劈翻杂草，架起几顶"个"字形草寮，空气里弥漫着熏烧艾草的烟气，几道阳光斜探入林，光斑落在杉木棍搭架起来的眠床。上面躺着几位后生仔，双目紧闭，赤膊酱红，精神委顿。山羊胡老汉低首把脉，麻脸大娘在边上帮人刮痧。啪的一响,一只花脚山蚊被谁的巴掌拍扁在后生臂膀上。

另一侧土坎边,石块垒起几个炉灶,有人清洗采集来的青草药,有人持擀面棍往钵头里擂捣,有人把锅里滚开的水冲入钵头,然后,舀进碗里往草寮端去。草寮里,一时浓郁的辛辣味氤氲,后生仔一口口啜下冒着白汽的汤水,浑身热得冒汗,喷嚏连声,之后,一个个软塌塌倒头睡去。

前一天,族群里好些人全身突感不适,或头痛脑热,或腹泻乏力……迁徙族群便停下了继续跋涉的脚步。

这是身体被侵入了瘴疠之气,所有人必须强饮擂茶,清热解毒祛暑湿。

场景二:山间一处废弃牛棚,麻脸大娘和几个女眷忙碌着,熬粥的熬粥,擂茶的擂茶。对面山口传来喊声:“快走咧,前面有条大河,大家最好一起过。”麻脸大娘加快动作,让女眷们把锅里已经煮熟的稀粥统统倒入擂茶钵子,快手快脚收拾、扎妥行装,大家挑上肩,便风风火火追赶族人队伍去了。

先行过河的后生仔把扁担横在挑子上,坐下来擦汗扇风歇脚。等族人手牵手平安过了河,麻脸大娘让女眷舀上稀粥,白粥绿叶很是爽目,后生仔喝得稀里哗啦响,一碗又一碗。解饥后,一个个都竖起拇指赞好吃,精神十足又继续上路了。

看大家吃得有味道,麻脸大娘好高兴。每天必喝的擂茶和饭合煮一块,能省下好多精力和时间去采青草药。防病止渴还能解饥,一石三鸟咧。

场景三：仲秋，艳阳高照。族群途经一个乡村，遇上赶墟日，大娘用碎银子买了红扁豆和芝麻什么的，看到个猪肉摊子，又挑了小肠和瘦肉。回到住地，洗净切成小块，和红扁豆一起煮烂，添到擂茶稀粥里去，上面再撒上炒香的芝麻粒。

好久没吃到荤味了，众人嚼得美滋滋香喷喷的。有后生仔说："这样的饭吃了能长力气，不管挑得多重，我日日赶最前头。"

众人开怀大笑。

……

擂茶这种流传至今的饮食范本，显然是客家先民在南迁路上的一种发明创造。这种复合型的饮食，受行进所限，必须集多种功能于一身，很有点太空时代铝管包装的半固体食物的样子。

敬祖睦族，向来是客家人保持族群强大不散的传统。客家先民迁徙到南方安定下来后，便有了天天喝擂茶的习俗。擂茶从消炎祛病、强身健体，到逐渐渗透进日常生活的方方面面，成为一种不可或缺的特殊饮食，进而衍生为日常社交通礼。因为居住区域不同，擂茶在和各地饮食融汇后又有了一些变异。但手握特制擂持，研磨擂钵里或晒干或新鲜的芬芳植物，冲入开水上嘴喝……这套流程却是一致的。

同一地区的客家县将乐和泰宁，那里的擂茶叫清水擂茶，强调清凉生津功能。主料是茶叶、芝麻、川穹、陈皮，也可以适当加入新鲜的鸡骨草、凤爪草、薄荷，擂至细烂如泥后，徐徐倒入开水，再用笊篱滤去渣滓，原料反复研磨二三遍，一钵乳白色的擂茶便制成了。这里，开水的温度、冲入的角度和搅拌的方法都有讲究。水温太高，蛋白质凝固过快，擂茶水乳分离不交融；水温太低，缺乏香气有生味。

依托强大的旅游资源，泰宁擂茶做得风生水起。那里的擂茶馆成为南来北往游客的体验休闲项目，也是当地人聊天叙旧会友的好去处。一钵擂茶，几碟坚果，就能让大家欢声笑语，其乐融融。

宁化擂茶算是饮食擂茶。20世纪八九十年代后，客家祖地的石壁人敢于求变，去除了传统擂茶里的那些干叶，在保留其养生保健功能的同时，增加芳香青草品种，强化口感与滋味，还端上了酒桌。台湾的客家擂茶则走得更远，已经摇身变为一种甜味饮料，那是发展文化创意产业的结果。

传统擂茶的待客礼俗，至今在将乐县还相当兴盛与流行。举凡红白喜事、寿诞添丁、造屋乔迁、开业庆典等，都要请喝擂茶，以此酬谢四邻乡里，联络情感。一旦听到谁家研磨擂茶，邻里乡亲都会闻声来凑热闹。特别是每年高考后，全县请喝擂茶之风此起彼伏，规模盛大时，队伍就开进酒楼去喝，除了一钵钵擂茶，还有一桌点心，黑白瓜子、花生、红枣什么的。令人称奇的是，碰巧你路过，不论相识与否，主人都会诚心邀请你进来喝上一碗。而应邀之人若无其他杂事，也会乐于入席，毫无生疏之感。邻里间闹矛盾，只要一起喝喝擂茶便自然而然化解心中芥蒂，擂茶成为街坊邻里和睦相处的润滑剂。

哦,这让人怎么不怀念从前!当今社会,我们不便拒绝熟人搭顺风车,我们好心邀请朋友吃饭喝酒,都是有可能惹事上身的,不巧出了什么意外,他的家人帘子似的拉下脸,一纸诉状就要你脱不了干系,让当事人直后悔没有节制支出自己所剩不多的古道热肠,或说是憨厚善良。

客家擂茶不应该仅仅是"中华名小吃",也不仅仅是福建省的非物质文化遗产,它还应该是一股今人看来珍稀至极的淳朴民风。

客家擂茶的故事,让我们大家恍如隔世。

武夷吃茶去

当今世界六大类茶，有一半的原产地归属福建。

闽地方言保留有不少中原古语，古人精炼俭省，“吃”“喝”不分是常态。从饮食角度而论，“吃”必须经过咀嚼再吞咽下去，闽人将茶汤拿来吃，似乎更有内容，更有厚度，也更具仪式感。向来以“岩骨花香”魅惑世人的武夷岩茶，两百多年前已被一位帝王窥去天机，其诗《冬夜烹茶》记录了吃茶后的别样感受：“就中武夷品最佳，气味清和兼骨鲠。”澄明见底的茶汤里头居然暗藏“骨鲠”，对付这种地球上唯一以“岩”命名的半发酵乌龙茶，若不使上一个“吃”字，显然无以精准到位。

更何况，一句“吃茶去”，还是历史上一桩著名的禅门公案。唐代赵州禅师的深邃禅理，俨然汇绿茶清爽、红茶醇厚之长的乌龙茶一般，茶韵变幻莫测，海纳百川，席卷一切。

20世纪80年代初，我对茶的认知尚停留在一只玻璃杯里绿叶沉浮、茶汤鲜爽青涩的层面。由于工作关系，经常要到福建南部的几个县城出差。在闽南，无论是办公室或者家里，寒暄着于茶儿前落座，老朋友烫壶洗盏旋即忙碌起来。烧水用的是电炉、小铝壶，把标有“肉桂”“水仙”纸盒里的锡箔扯开，投入几乎一满盖碗的粗黑茶叶，提起小铝壶将滚水冲入。当地的圆形茶盘多为紫砂，也有陶瓷的，分上下两层，底层的像一个大盆碗，盆碗上嵌着个盘，盘中有细孔。第一道茶汤快快润茶烫盏，倒出的汤水便漏到了大盆碗里。端起盘，下面还是倾倒茶渣之处。茶盏通常就是三只，拇指和中指钳起泡茶盖碗，食指顶住杯盖，滤出的茶汤黑红浓稠。

时隔多年，想象着吃一口入嘴，依旧是满腔苦涩，一脸“灾难深重”的皱纹。

回想当年，我都是用半盏茶汤兑白开水喝，还戏称这工夫茶为闽南酱油。与绿茶一杯比，器具多麻烦多，就像闽南人的礼数，耗的都是工夫呀。

混迹其间的次数多了，渐渐近朱者赤，知晓了个中的一些皮毛。吃茶就是品茶，三盏方能摆得出一个“品”字来。来客无论多寡，吃了一拨，滚水烫盏酌上再一拨。当年的工夫茶具简洁明了，没有公道杯等一干累赘之物。试想把茶汤均匀酌入各盏中，不用“关公巡城”“韩信点兵”这些传统招数，如何能体现雨露均施、同分甘苦的茶道精神呢？所谓高斟出香，低酌出汤：开水冲击茶叶，在翻滚中既洗涤了尘埃杂质，又能快速醒茶，使茶香挥发出来；低酌则是控制香气逃逸，避免茶汤降温。“茶满欺人”也是一种茶俗，热烫的工夫茶汤最是出滋味的时候，七分满才不至于烫手。汤水坐杯的时间有底线，否则茶碱溶出，茶汤涩滞难下咽。

多年以后，看了台湾历史学家连横的《雅堂文集》，才知晓漳州人喜好武夷岩茶有出处。书中这样写道：“台人品茶，与中土异，而与漳、泉、潮相同。盖台多三州人，故嗜好相似。茗必武夷，壶必孟臣，杯必若深，三者为品茶之要，非此不足自豪，且不足待客。”

为何这三州人偏偏“茗必武夷”呢？

从武夷山茶人嘴里，我陆陆续续听到这样的故事。尽管明朝中期东南沿海的倭寇已被剿灭干净，但进入清初，官府的海禁政策却愈演愈烈，那是因为郑成功反清复明的基地就在闽南沿海的石井、金门、石码诸地。为了断绝对郑成功的物质供应，官府强制泉州、漳州渔民内迁五十里。远离大海的渔民生存无望，纷纷背井离乡讨生活，很多人便落脚武夷山西北坡的江西铅山当船工。那里的信江通往鄱阳湖，属于长江水道。十余年前，有一部热播的电视连续剧《乔家大院》，其中讲述了敢为天下先的山西人，开辟武夷山到俄国恰克图“万里茶路”的故事。就像电视剧里呈现的一样，那一带水路一派繁忙。经常往来于此的武夷山茶庄老板，喜欢上了闽南人的机灵劲儿，纷纷聘请他们帮助看管山场，买卖茶叶，进而学习制茶。后来，闽南人成功地把武夷茶推销往家乡，又把火功和消解鱼货鲜腻的诉求传回山中，从而参与了武夷茶的塑造。自古以来，广东的潮汕地区与福建漳州地区一马平川，无山拦无河阻，收起那条行政地理界线就是一家亲，生活嗜好相同是必然的。大概也就是在这个时期，武夷山半发酵乌龙茶创制问世。可以这样说，今天的武夷岩茶品性，烙有闽南人的印迹。

于茶，我这人虽然悟性愚钝，但此生开吃闽北武夷岩茶，居然是在闽南漳州市那些个“茗必武夷”的县城里，很有点声东击西的做派。事后想来，这也可以算得上冥冥中的一种茶缘吧。

茶是一种特殊饮品，我们不可能像某些饮料那样自行调制。没有哪个市场会卖你几斤十几斤的茶青，你也没有制茶场地和齐全的制茶工具，更别说老到的制茶经验了。况且，一泡好茶问世，需要多种因缘具足，除了一流茶青，好天、好风、好茶师，一个都不能缺。好茶之人，只有去茶区耐下心性淘茶，才能寻找到与个人经济情况和喜爱程度相匹配的茶品。大公司的茶，层层叠叠，包装精致考究，价格自然不菲。如果不是自家吃，送礼肯定有面子。有条件的老茶鬼从来都是直扑茶村，面对裸茶，观其形，嗅其香，吃其味。一位行家告诉我，其实淘到上好的武夷岩茶很简单，你吃了第一家店的茶汤，逛一圈市场出来，嘴里甘香犹存，只要对方不是漫天要价，这茶你就可以大胆买下来。

早在唐朝，武夷茶已被赋予了人格，唐人尊其为“晚甘侯”，刻在丹崖上迄今不朽。回甘迅速且绵长，是它千年不改的秉性。

在中国，茶自唐代完成药用到饮品的转型以来，被文人墨客赋予了太多内涵。以至于茶汤里头有江山、有大道、有禅宗、有人生细微鲜活的感动……不知不觉间，茶汤滋润着一代又一代中国人的灵与肉。

茶是一种精神饮料，具有强大的辐射力。手里有好茶，找对人，找对心情吃，无疑会捕获到更为醉人的茶韵。或一伙吵吵嚷嚷的斗茶之人，或几个谈古论今的同道挚友，甚至静夜里欲独守茶汤神奇变幻的寂寞身影……

还是七八年前，为了策划一场武夷岩茶进京的茶叶博览会，朋友带我到武夷山一家文化人开办的茶企了解茶文化。彼此介绍入座后，泡茶小妹递上茶盏。只见汤色橙黄晶亮，入口锦缎似的，裹着幽幽兰香，顺喉咙口滑溜下去。这让我颇感疑惑："这汤，好柔顺甘醇。为什么我过去喝的武夷岩茶从来都是又苦又涩？"

主人笑开了，这里是武夷天心茶村，原产地气场强烈，感觉好是必然的。随后，他收起开玩笑的语气，正经起来说："第一，泡茶的水是从山里取来的泉水。一泡好茶得之不易，善待它，起码得用纯净水。第二，我做出来的茶真材实料，不可能有假。最后呀，泡茶小妹茶艺专科毕业，在我这里已经泡了三年茶，知识和经验完全融会贯通，能让茶的最好品性全部释放出来。"

这些，都是吃到一泡好茶不可缺少的因素。

"其实，这泡水仙还是有点遗憾，"他接着介绍起来，

“做青是武夷岩茶的传统绝活，本地有句土话叫‘勤肉桂懒水仙’，说的就是制茶时摇青和晾青这个过程，它急不得，慢不得，重不得，轻不得，懒不得，也勤不得。这两种茶叶的叶片厚薄不同：肉桂蜡质感强，必须花大力气勤摇。如果不到位，茶苦无香；太过，苦味被赶尽杀绝，香气和茶韵也留不住。水仙叶大而且单薄，轻微摇晃就可以出滋味。偏偏去年采茶前雨水出奇地多，因为过于墨守传统的‘懒’，这水仙做青时走水不够透，发酵没到位。后来发现这个问题，在烘焙时加足炭火调整了一下。如果留意，还是能抓到那种无法掩饰的青草味儿。我们按老话说的次序来吧，‘醇不过水仙，香不过肉桂’，从淡到浓，从轻到重，先单纯后丰富。现在，我们再换泡肉桂来比较一下。”

泡茶小妹分茶时，馥郁香气已经四下弥漫。茶盏里的汤色橘红，比前一泡的颜色更深更艳。学着主人端盏先嗅，浓郁的桂皮香扑面而来。茶汤入口醇厚丰满，甘鲜滑爽，待浓郁的桂皮香气慢慢消退时，果香犹如泉水从石壁上沁出来一般，还隐约带着点水蜜桃的香味。

主人嘴里嘘嘘啧啧响开了，嘬得茶汤鱼儿似的在齿舌间分头游窜，与味蕾全面接触，一副很受用的模样。咽下嘴里的茶汤，主人这才不紧不慢说开了：“水仙和肉桂是武夷岩茶的两大当家品种，现在，无论产量还是滋味都超过了传统名丛，而且种植环境还影响了茶香，虽说桂皮香不如过去辛锐，花果味的丰富细腻却是有模有样的。”

第一次和这样的“双料高人”吃茶，确有胜读十年书的感觉。始知茶里乾坤之大，这浅浅的一盏汤水太深太厚了。

我这辈子吃茶的好感觉，几次都生发于武夷山。这让我不能不相信，置身原产地，人对地道茶品会有更多一层的悟性，仿佛七窍被打通了似的。这和中国饮食传统中“原汤化原食”的说法，似有异曲同工之妙。

在那些对吃茶不以为然的年月里，有两处吃茶的场景令我刻骨铭心。虽然不记得吃过的是何种武夷岩茶，但那茶汤的美妙依旧恍如眼前。贴切的环境氛围能使茶汤的滋味余韵袅袅，经久不衰。

记得那是 20 世纪的事情。有年 5 月末，为了拍摄武夷晨曦的风光片，当地宣传部朋友安排我们提前登上天游峰，入住峰顶道观客房，“守株待兔”地等待清晨大王峰的那一轮日出。

旅游淡季的傍晚，不见游客踪影，我们在天游观前的石埕上露天摆了一桌，酒足饭饱后泡岩茶。那是个多云天气，天滢滢亮着，月色不知穿透了多少层的雨云，才造就了眼前那朦胧奇幻的境界。恍惚间，感觉身边路过一群雾，看不见摸不着，脸上针针点点的沁凉，似乎就是它踮起脚尖的碎步。再吃一口热乎乎的茶汤，一时甘爽无边。

大家谈论着武夷岩茶的炭焙焦糖香味和经久耐泡，周遭山影隐约，树木依稀，丹崖底下的九曲溪在拐弯处折射着浅浅天光，一切都无边无界，混沌蒙昧，很有点天地玄黄的样子。一颗有点蠢蠢欲动的心，就这样被化入了漫天氤氲里。

多年后回味起来，那茶的滋味，时有时无，仿佛还在舌尖滑动。

一曲武夷宫大门附近，九曲溪畔，立有一座叫茶观的仿宋楼阁。十多年前，一位朋友在此打理茶楼生意。那年，我出差武夷山，与一位北京来的老朋友不期而遇，便约此吃茶叙旧。一楼大厅，有一位少女全神贯注弹奏古筝，还有人表演茶艺。弦音尾随我们也上楼顶。烧水等待之际，我们凭栏四望，但见大王、玉女、凌霄诸峰环布周遭，黄昏前的金晖勾勒出它们的侧影，矮矮地就围在身旁似的。透过树影，隐约能窥见九曲溪上滑行的竹筏。

泡出来的茶汤色澄亮，滋味和顺。在飘忽的古筝弦音里，就着齿颊间的余甘，我们彼此打探熟人近况，叙谈各自事业，一时好不快哉。

那是一个秋暮，怎么就飘来一片积雨云，淅淅沥沥落雨了？雨帘像是亮晃晃的琴弦，洒在楼阁边一片清瘦的方竹丛里，溅起声音颇有古筝弦音之味，心隅便有一种麻酥酥的感觉爬出来。那样的时候，什么茶品已不讲究，吃到嘴里一样都韵味绵长。雨落竹林吃茶，这是我做梦都在思念的境界。

如今，武夷岩茶受到越来越多人的追捧，然而正岩茶的核心山场“三坑两涧”依旧那般大小。牛栏坑、马头岩的肉桂，流香涧、悟源涧的水仙，九龙窠的大红袍，慧苑坑的铁罗汉，这等品质一流的茶，举国上下都能喝到显然不现实。为了满足市场，有些茶人脱离地道的土壤、气候、环境，施化肥，喷农药，求高产，地道食材就此产生漂移，名尚在，味却变了。试想，要是哪天外山茶、洲茶替代了正岩，岩骨花香脱壳羽化，那剩下的就只是烘焙工艺的炭火味了。

人不是机器，吃不出农残来，化肥催壮的茶芽，舌头也不能准确辨识。那种拍摄起来无比壮观的茶山生长出来的茶，我是尽量少喝。生态植被单一，病虫害能少吗？不下点药，怎么会有产量和品相呢？经验告诉我，攒积十倍茶钱去吃一泡地道的正品，唯其如此，才可能巧遇那些让前人飘飘欲仙的境界，寻觅到人生的美妙和无限的愉悦。

在我还不好茶的时候，有一次赴武夷山采风，因任务提前完成，便陪同他人去采访一位大红袍手工制作技艺传承人。此公与众不同，剑走偏锋，专门泡陈茶。从不见他花钱做宣传，然而其不多的产量，每每被老茶客囊括一尽。招呼我们坐下后，他洗壶烫盏，倒出的干茶外形乌黑，呈亚光，还有点挂霜。他介绍道："这是正岩肉桂，做它时发酵足，火功高，已经存放了八年，每年都要用木炭细火慢焙一次，再放置于通风干燥处，与空气接触，使之慢慢氧化产生陈香味。时间久了，茶原本高亢刺激的芳香物质挥发了，沉淀下来的都是很稳定的精华。照理说，肉桂做陈茶，可惜了它的高香，但做到现在又很欣慰，因为它的滋味是常见的水仙陈茶不能比的，更厚实，更饱满，更持久了。朋友们都很喜欢。"

酌入茶盏里的汤水呈暗红色，内敛而不浊，沉郁却透底，茶汤面上蒙着一层变幻的白汽，仿佛荡漾着无数个春花秋月。看他说得有点隆重，大家小心地拈起茶盏，小口啜起来。第一感觉，入嘴的茶汤浓稠厚重，甘醇圆润。那滋味、那口感，和以往喝过的所有岩茶迥然相异。

这世间，月有阴晴圆缺，懂得舍就会有得呀。都说吃茶要鲜，喝酒要陈，此公反其道而为之，用鲜爽换老旧，用霸气换中庸，用高香换陈味……苏东坡说过，从来佳茗似佳人。倘若好茶是冷艳四射的美女，那么，用心捂了十年八载的陈茶，便理当属于母仪天下的极品女性了。

采访者和被采访者一来一去的话音，渐渐被氤氲的茶汽模糊了。第一次听说陈茶，第一次吃到陈茶，我的身心已被魅惑。泡工夫茶有句俗语："头道水二道茶，三道四道是精华，五道六道也不差，七道有余香……"有那么一刻，大约也就是泡到精华这个时候，恍惚间，脑海浮起了一幅内视的画面：口腔里的那团热茶汤，醇厚爽滑，深褐里透出红晕，通体被一层白亮亮、明晃晃的冰封裹成了一个圆球，里层跟着外层启动，双向滑转起来，一时间白雾飘袅。陡然，一缕清凉之感潜出，心头一颤，那水球没能衔稳，丝绸一般溜向喉头，倏忽间已坠下腹去。早春的山区，空气凛冽，周身却暖意洋洋。

撞上这般情形，始料未及。此情此景已经足够让人心醉神迷了，倘若再能像某些几近神话般的传说那样，与几个奇人一起品出神奇的诗情画意来，什么"春潮带雨晚来急"的甘洌霸气、什么"月出惊山鸟"的缥缈幽远，还有"野渡无人舟自横"的从容与悠然，那又会是何等玄妙的一种人生况味呀！

赵朴初先生曾经为赵州禅师的影像碑题诗:“万语与千言,不外吃茶去。”先生一语道破了这个纷繁杂沓的大千世界,吃茶不仅是物质上的口腹之乐,也不仅是精神上的陶情冶性,茶中有流淌的岁月,茶中有朗朗的乾坤,茶中有人生的顿悟。这是华夏文明不可或缺的一部分,它博大精深,让壮怀激烈的人生,渺小在那一盏浅浅的汤水里。

母亲的太平燕

因为身体缘故，母亲从国家干部的岗位上提前病退，回到家里却又闲不住，终日忙于家务，成为不折不扣的家庭妇女。为了一种心仪的、价格又合适的青菜，常常是一个早上逛两三趟市场，对食材的挑剔到了不厌其烦的田地。每到年节，她总是提前几天就悄悄忙开了，荤素搭配，做好一桌菜肴敬祖先供土地公，再以吃的名义把儿女们招回家。在满满一桌家常菜里，从来不会缺一碗太平燕。

年节当天早上，她会拿出之前买好的白纸包，剪断红棉线，取出薄如纸张的干燕皮，切成约三寸的方片，两片一起铺于湿毛巾，上面再盖一块，使之潮润。然后去准备馅料，把水发后的虾仁、干贝和三层肉剁成泥，还有削皮的马蹄（用菜刀侧压裂后切碎，这样吃起来十分脆爽），再搁入切成珠粒的葱白,加酱油、鸡精。味儿要调得稍重些,因为煮时一部分滋味将融化到汤里。讲究的话,母亲会再加入鸡蛋清一起拌匀,这能增加馅料的鲜嫩与弹性。做完这些,就轮到把夹在湿毛巾里软化的燕皮取出,平摊于掌心,用竹箸挑上馅料,顺势把燕皮往虎口推,拇指和食指拢起燕皮再一捏,便成了圆头散尾的飞燕形状。包好后的扁肉燕摆放在竹篦上,隔水蒸到八分熟。我们家煮太平燕,都是依传统风味小吃的做法,在高汤里加入扁肉燕和鸭蛋,滚沸便起锅装入汤钵,撒上葱花,调入虾油、麻油,提鲜增香。

有时因为季节不到,马蹄还没上市,母亲会念叨上好久,仿佛缺了这一样,便愧对祖先愧对土地公还有我们这些儿女似的。

这道汤料菜深深烙在少年记忆里。记得每逢亲戚街坊的婚丧宴席,吃喝过半,鞭炮骤鸣,大菜什锦太平宴(太平燕的升级版)跟着就端上了桌,宴会由此进入高潮。这时,整桌人都会放下手中杯箸,等候主人亲临敬酒答谢。此后,你不吃其中的物什,不喝其中的汤,长辈们都不会多说什么,但那颗白煮的去皮鸭蛋,你就是一百个不情愿,在一遍又遍的敦促声里,也非得吃下去不可。

如今,那大块头的鸭蛋与时俱进变成了袖珍鹌鹑蛋。作为老爸,我接过母亲的衣钵,也开始对女儿苦口婆心起来:“鹌鹑就是安全呀!它会保佑你吉祥平安的。”

在闽菜大家族里,太平宴也算个特例,闽都人对它肃然起敬是发自内心的。在一百年的时光里,这种食物从闽北山区传入闽都，先在草根小吃的位置上坐实，进而跻身中国八大菜系之一的闽菜大菜之列，地方民俗文化在其间生成了无可撼动的力量。

闽北浦城县地方志记载，南宋户部尚书真德秀的家厨，在一次操办酒席宴请家乡父老时，因帮厨忙里出错，便死马当活马医，用做错的半成品煮出一道菜肴，居然口感似燕窝。后来，当地人用这种肉泥拌番薯粉擀成的薄片，包上馅料，做成一种名叫假燕窝的小吃。清光绪年间，这种做法传到闽都，食客喝彩一片，遂成很接地气的一道风味小吃。闽都人以其外形上圆头、尾部交叠似飞燕，称其为扁肉燕。

闽都人的扁肉燕，外形和北方话里的馄饨基本一样。这类食物各地叫法不同，四川叫抄手，广东叫云吞，武汉叫包面，江西叫清汤，客家人叫扁食……尽管各有出处和来历，但唯有扁肉燕的品质独树一帜，其薄皮是捶打后的肉泥与番薯粉反复搓揉而成，被闽都人定性为一种"肉包肉"的美食。

燕子是和人类最亲近的一种鸟类，每年要迁徙一次，喜欢在靠近田野的农家屋檐下筑巢，不像"非梧桐不栖"那样不食人间烟火。古诗里有太多它们的身影，什么"飞入寻常百姓家"，什么"不傍豪门亲百姓"。闽都话有句俗谚讲："燕来三月三，燕去七月半。"闽都人对燕子的来去行踪很在意，认定它在自家屋檐下垒窝将带来好运。大人总是叮嘱小孩，燕子是抓害虫的益鸟，今年飞走了明年还会再来，不能伤害它。闽都人对燕子心怀美好，把自己喜欢的一种美食取名扁肉燕，使之受到比在原产地更多的热捧。不知何时开始，扁肉燕这碗汤料菜里，被厨师加入腐竹、香菇、粉丝、鸭胗、蟹肉等配料，最后改变性质的是去壳白鸭蛋。草根食品扁肉燕摇身一变，成了闽都人逢年过节或婚丧喜庆、亲友聚别宴席上的一道大菜，其间被时光融入了太多内涵。闽都方言里，蛋被叫成“卵”，“鸭卵”谐音“压浪”“压乱”。闽地山多田少，自古以捕鱼为生和漂洋过海下南洋讨生活者众多，行船江河大海把浪压下去，生活里再除去各种各样的乱，显然便诸事太平。就这样，它又被叫作太平燕。而“燕”与“宴”音同，端上桌就成了出入平安、吉祥喜庆的太平宴。美好的心愿寄托于饮食文化之中，闽都话里便有了“无燕不成宴”“无燕不成年”“吃太平燕，享全家福”这样一类的流行说法。

如今，闽都扁肉燕的手工制作技艺已入选省级非物质文化遗产名录，还获得了“中国名菜”“中国名点”“中国名宴”“中国名小吃”等诸多声誉。

我曾经采访过福州百年老字号同利扁肉燕的第四代传人陈君凡，得知“同利”二字是由陈氏家训“同德利后”衍化而来。我想，这一百三十年来，闽都制作扁肉燕的店铺也不少，唯独这家百年老铺历经风雨长盛不衰，也非偶然。“同德利后”这样的经营理念缺失，显然造成了当下中国商业市场的“贫血”和“缺钙”。

工业革命之前，手工业者是都市里的一支庞大队伍，他们服务于都市人群，并以之为衣食父母。进入近代，那些无法为机器所取代的传统手工技艺,则通过家族、师徒的技艺传承,依旧一代代延续着各家的独门绝技。

南后街是闽都古城历史文化街区三坊七巷的中轴街,也是一条商业街,而三坊七巷历来是官绅名士、商贾文人的聚居地。他们对生活精致、奢华的需求和嗜好,成为传统手工技艺传承、发展的沃土。从文化角度而言,这些手工技艺往往又具有社会性,使得日后太平盛世的平民百姓也能够从生活里品味到这种快乐和美好。

同利扁肉燕就诞生于三坊七巷边上的澳门路。一直以来,它都服务于三坊七巷里的大户人家,也是闽都官厨和私厨扁肉燕皮的供应商。

同利扁肉燕传到陈君凡手上是一大幸事。首先,他遇上盛世,社会需要和谐环境,人民渴望美好生活。老蘖萌新芽,有了气候和土壤。其次,在制作工艺精益求精的同时,他热衷于传统饮食知识,为扁肉燕文化延展了很多内容。第三,他憨态可掬,长袖善舞,既是福州美食节的形象大使,又是中华厨艺绝技表演团的成员。如今,他已将接力棒成功传到女儿手中,有更多的闲情逸致,带上百来斤重的砧台、木槌等全套打燕工具,去各地展演手工制作技艺绝活。

我问过他:“你的扁肉燕好吃,有什么可以透露的秘籍?”

他坦然道:“目前为止,制作扁肉燕的每一道工序都是手工,除了继承传统和合理修正,剩下的就是认认真真用心去做。”

按传统工艺要求，制作扁肉燕皮必须精选鲜杀肉。猪肉温热有活性，不得浸泡水中或入冰柜保鲜，否则捶时肉会渗水，并在砧台上四处飞溅。一大清早，从屠宰场采购来猪后腿肉，冲洗干净后，得像庖丁解牛一般，沿各块肌肉膈膜剔下（忌切断肉的纤维），之后剔筋去膜。一旦搁上砧台，必须一鼓作气捶打下来，特别是夏天气温高，时间久了肉质会慢慢僵硬，难以擀成薄皮。

未吃扁肉燕，先来看打燕。说扁肉燕皮是打出来的，当然是以偏概全，但也说明捶肉擀皮的技术含金量最高，不是有了工具，想打就能打成的。扁肉燕入口滑不滑，咬下去脆不脆，咀嚼起来香不香……都和这一环节关系密切。所以，菜馆和百姓人家就是想省钱，也不动燕皮的主意，从来都是在专业打燕店买回干燕皮，自己包馅成菜。

打燕极富表演性，韵律快可以像进行曲，慢起来又似小夜曲。讲究的打燕工具，砧台和木槌是荔枝木做的，其硬实细腻的木质经油脂长年滋润，显出深沉的暗红色。直径五十来厘米的砧台面对面各站一人，伸出的食指和中指搁于台案，随时翻转、拨拢打散的肉泥，视情加入适量糯米粉以增黏性。和着彼此的捶击节奏，另一手捶下并借力弹起，起落轻盈。吧嗒，吧嗒，木槌捶打赤肉的声音，明亮而不散，让人恍惚感受到扁肉燕的脆爽和鲜香。

在5A级旅游景点三坊七巷的同利店铺前，很多游客就是在目睹了打燕表演后，被吊起口腹之欲，进店来一碗，把这闽都味道装入心间，带往世界各地。

大约两斤的猪后腿肉，一锤又一锤，五千次上下的捶打，肉泥终成胶状，黏稠有弹性。将它们置于工作台上，均匀撒上碾细、筛过的番薯粉和适量清水，边拍打边搓成条状，接着拂去剩余的番薯粉，再擀成饼。通过一遍遍撒粉，一遍遍擀，肉饼渐渐延伸变大。四十分钟的时间里，双手不得停歇，唯恐肉泥失去活性。最终，肉泥和番薯粉合二为一，融成一体，形成长 10 米、宽 2 米多、厚 0.2 毫米、重 10 斤左右的大薄片。看着光滑油润，嗅之有肉香。若是遇上梅雨天气，番薯粉还要放烤箱里烘干才能用。只要有一星半点肉筋和油脂没剔除干净，燕皮就会穿孔破洞，前功尽弃。

打好的扁肉燕皮再敷上一层薄番薯粉，自然晾干后，切成三寸的长条，折叠起来，便成了干燕皮，包装贮存半年不变质。

有一则笑话，说的是 20 世纪六七十年代，闽都华侨回乡少不了都得带一包肉燕皮，美国海关人员问何物，华侨机智地回答：纸张。老外不晓得中国人生活里这些细腻烦琐的制作，解释费口舌。

坊间有一说：“闽都扁肉燕，百吃都不厌。”除了言及扁肉燕的滑嫩爽脆有嚼劲、汤清肉鲜色晶莹外，它那花招多样的吃法，也功不可没。除了风味小吃的扁肉燕和添料加鸭蛋的太平宴，燕皮还有其他几种吃法：切成丝，高汤烹煮，叫燕丝汤；肉泥丸沾上燕丝，滚成圆球状，蒸熟，冲入高汤，叫燕丸汤；红酒糟煮燕丝汤，再打入鸭蛋，叫酒肉荷包蛋。今人还有创新，把蒸到八成熟的扁肉燕油炸，起锅沾番茄酱，中餐西吃，古菜今吃，此一味，深得“00后”青睐。

“桌上一窝燕，娘子巧手烹。梁上声已渺，窗外小长春。”传说，写此诗者为三坊七巷的苦读学子，看到自己喜欢的食物，感伤时令转换，碗中的扁肉燕已从燕子的形象变成了长春花。这个故事衍生出扁肉燕的另一个菜名“小长春”，而燕子的形象依旧挥之不去。栖息不定的燕子，给流浪、漂泊他乡的游子带来无限的惆怅。“似曾相识燕归来”“燕子归来寻旧垒”这样的诗句，都是归燕思乡的情结。由于这种草根性，扁肉燕在闽都广为普及，它的味道深深嵌入福州人的记忆，它是一道思乡团圆菜，成为漂泊异乡游子一解乡愁的精神食品。

近些年，陈君凡经常被邀请到国外表演，他说起一个在美国遇上的故事。一位早年移民旧金山的老中医，年至耄耋，看完他的打燕表演，吃了他煮出来的扁肉燕，双手捧住陈君凡的手，热泪盈眶。他操着闽都话说：“我的家就住在三坊七巷，从小听打燕声长大。这是妈妈煮出来的味道。我又回到了榕树下。”

因风思物，因物思乡。一种滋味缩短了游子与家的距离，成为维系故乡感情的精神纽带。

大学毕业参加工作那年，受朋友之托，我曾经买过红棉线捆扎的扁肉燕皮。当时业务不熟，印象里，领任务后就往闽都鼓楼的小巷里乱钻，循着吧嗒吧嗒的打燕声寻去，小小的一扇店面里头，昏暗的白炽灯下，两个年轻人立于齐腰高的砧案前，一上一下挥舞着手中木槌。如今回想起来，那幅画面依然近在眼前。不知那两包扁肉燕皮,最后是解了谁的乡愁?

母亲已经八十六岁,一年前就不再自己动手包扁肉燕了。这做年过节的味道,开始感觉缺了点什么,让人心头莫名地不踏实起来。

永远的豆腐

把一粒粒铜珠般的黄豆变成白软水嫩的豆腐，不问东西南北，老少咸宜，还百吃不厌——这个黄豆涅槃重生的故事，中国人已经讲了两千年。

相传在汉代，中国人无意间发现了石膏的特殊功效，接下来的时光里，还歪打正着创制出一种后来风靡世界的食品。一旦去到异地他乡，身体不适，中国人首先认定是水土不服，这样的时候，偏偏是一块软软的豆腐调理了身、抚慰了心。豆腐已经扎根华夏民族血脉，成为中国人味觉基因里无法删除的部分。

生活里俯拾即是与豆腐相关的歇后语，如“小葱拌豆腐——一清二白”“卤水点豆腐——一物降一物”，还有“心急吃不了热豆腐”“豆腐好吃磨难推”“刀子嘴豆腐心”等俗语，依托司空见惯的豆腐便讲清了许多人生至理。即便简简单单一句“吃豆腐”，其丰富的容量，足以让智商过人的老外丈二和尚摸不着头脑。

我的少年时代，是食物极端匮乏、果腹保暖求生长的年代。作为一种廉价的植物蛋白食品，路边摊稀里哗啦落肚的豆腐脑，让我感到人世间简单的痛快；家里配饭的五花肉海带豆腐汤，满足了我对荤味的朝思暮想；酒桌上的海蛎豆腐汤，则以它稠糊糊的海洋滋味温暖了我的腹腔。

十几年前参加一次文学活动，在闽北邵武市和平古镇吃到一种豆腐，它不像北方盐卤点的老豆腐那样咀嚼有物，也不像南方石膏水点的豆腐那样水嫩软滑。这种豆腐兼取了两者之长，滑嫩还富于韧性，能把牙齿和口舌侍候得非比寻常地舒服。

在铺着古老石板的临街店铺，可以看到豆腐作坊的木桶旁，有人持木瓢在煮开的豆浆上游动，慢慢让瓢中陈浆溢出来，如此结花成形的豆腐，便叫游浆豆腐。后来，我们在城市餐馆里开始吃到这种滑润爽口的菜肴，但那弹牙的感觉被强调过头了，令人生疑。直到某天，一位食品界的同学告诉我，做豆腐时加入一些化学粉剂，省工省料的人造豆腐也可获得类似口感。从此，只要不在产地，再遇上这类疑似的豆腐，我的筷子便避而远之。

前一阵子，听人说闽北泰宁的旅游地上清溪开办豆腐宴，顿起寻去满足一下口腹之欲的念头。后来，妹夫说开店老板是中学同学，他用的食材全是游浆豆腐。知情者为我提供了背景资料：闽西北的邵武、泰宁、宁化、建宁这几个县彼此交界的一些乡镇，和客家人有或多或少的关系，均保留有这种罕见的豆腐制作技艺。当年，这些地方都属于交通不便之地，盐卤、石膏稀缺，人们这才另辟蹊径，找到其他方法解决豆腐制作的问题。游浆豆腐虽说味道可口，但制作起来工作量大，出品率低，只能是手工制作，产量也大不起来。然而，食之者众。像其他安身立命的本事一样，掌握游浆豆腐制作手艺的人家都是秘不外宣，传子传孙，连女儿也不轻易透露。

这样的信息有点意思，敦促我迫不及待前往。5 月初的一天下午，我们直奔上清乡崇际村，入住预订好的乡间民宿。

店家听说我想凌晨起来看游浆豆腐制作，便敲开边上一扇门，吩咐住里头的一位小伙子到点了喊我。和小伙子聊起来，始知他从湖南慕名而来，已经给师傅包了红包，学习制作游浆豆腐十天了。说到动情处，他的语音满怀憧憬："把这种技术带回去，希望在我们那里引爆一场豆腐革命。"

凌晨 3 点半，小伙子把我从睡梦里拽出来的时候，天幕上的星星还在眨眼睛。村尾的豆腐作坊里，一位中年男子已经把泡好的黄豆打成浆，正在用布袋过滤甩浆。等到直径约一米多点的大木桶八成满时，置入蒸气棒，煮开豆浆，再一瓢瓢把面上生成的浮沫撇干净。

师傅睡眼惺忪地出现了，却是一位中年妇女。此前，我在当地旅游宣传视频上多次看到过她的形象，戴着头巾，身穿蓝底白花的棉布衣服，一副旧时客家妇女的装束。

她把一个厚重的松木瓢放到豆浆上，从边上的小木桶里舀来一勺水，倒满松木瓢。那个木桶里的水，清清的，呈浅黄色的样子，应该就是发酵变酸的母浆了。只见师傅俯身，用三只手指钳住木瓢把柄，像弹钢琴似的，在拇指、食指、中指灵巧的变化中，木瓢沿着木桶周边开始旋转游动。笨重的松木瓢，只露出浆面浅浅的一点。木瓢前部呈弧形凹陷，在它有条不紊的游走中，瓢内陈浆不经意被溢出，游动的松木瓢带动木桶里浆水流动，老浆和新浆一点点搅拌融合。师傅还常常眼睛贴近浆面，细辨浆水的微小变化。接着，不时往松木瓢里添陈浆，继续周而复始地游动。新浆、老浆碰撞时间长了，乳白色的豆浆开始变深，木桶里隐约出现星星点点的絮状物，胶凝作用出现了。后来，师傅把木瓢交给湖南小伙子，让他继续游，还贴着他耳传授秘技。

大约近一个小时，盼星星盼月亮，终于等来一场“秋收”：絮状物凝聚成团，绽开出一朵朵乳白色的花。师傅的松木瓢继续游了近十分钟，她把木桶边缘浅浅的黄绿色清浆舀起，倒入边上的陈浆桶。当天用去多少陈浆，就要添加多少，天天用天天不减，老浆水永不枯竭。当地流传有这样一句话——“一块豆腐百年酵，一口咬下味百年”，说的就是这样的意思。

大木桶里水落石出，丝絮洁白，在中间开始簇拥着下沉，形成一个边界模糊的圆球状物。

师傅舀了一勺豆花，倒到碗里递给我。它是豆浆和豆腐的中间产物，最水嫩的豆腐脑。我有点感动，这是对我辛苦早起的补偿吗？作坊里没有备调料，豆腐脑就是素颜美女。调羹舀了入口，细若凝脂，味道寡淡，豆香渐浓却没有附带豆腥味。这可是它最本真的滋味呀。

此时，旁边台架上一溜儿的木模框已经铺垫好白棉布，师傅将豆腐花一瓢瓢舀起泼上，然后把棉布扯紧包严，再叠上一溜儿木模框，泼一层豆腐花，最后盖木板压石块，挤出多余水分。

压干水分后的豆腐，被划成均匀的四方块。中午豆腐宴最主要的食材已经准备妥帖。

油豆腐、农家豆腐、凉拌豆腐、豆腐炖蛋、过桥豆腐、炒豆腐干、牛肉蒸豆腐、泥鳅钻豆腐、豆浆鱼……一盘盘、一碗碗端上桌，都是地道农家菜。

第一道油豆腐先声夺人。两寸见方的豆腐，在油锅里炸得金黄酥脆，搁瓷盘。竹箸插入撑裂，舀一调羹秘制调料浇上，一口咬下，外皮香脆，齿间有物，同时挤出的白豆腐细软滑润，调料里的葱花在齿间脆响，满嘴鲜香。

“草船借箭”也是一道值得一说的菜肴。此前看到厨房旁空地上的桶里养着泥鳅，便从厨师那摸清情况。那些约两寸长的泥鳅已经在清水中养了两天，吐尽腹中泥沙腥气，现在水中又加了蛋清，可以下锅做菜了。说穿了，这道菜就是通常的泥鳅钻豆腐。烹饪时，把泥鳅和冷排骨汤一起倒入锅中，放进一小块拍松老姜，微火将汤温热，再放入对半切的嫩豆腐。此后突然急火烧锅，泥鳅被热气所逼，下猛劲钻进冷豆腐里躲藏。五六分钟后揭盖，只见泥鳅穿豆腐而出，首尾两头皆露在外面，黑白分明，颇似一支支箭镞钉在白墙上。这时，加入适量葱白、胡椒粉、食盐、黄酒等佐料，装入汤碗。这道菜特点是味道鲜美，动植物的荤素味完美融合在一起，无论豆腐和泥鳅都细嫩香滑。

也许期望值过高，品罢满桌的豆腐菜肴，感觉从形色到文化韵味都不够震撼，无法如实代表客家人的豆腐宴。这让我回想起少年时的一些事情。

时针拨回到20世纪70年代初，在客家祖地宁化。记得当年我正读初一，那是一个寒假的冬天，父母亲被临时抽调下乡做中心工作。一人在家，午饭吃过不久，我就饥饿难当了。在厨房里四下翻搜，发现两块豆腐，好不欢喜。模仿母亲做法，找到什么就加什么。抓一把香菇泡水里，然后起灶火，在锅里倒一大碗水。忙完这些，把水发的香菇去蒂切成丁状，倒入面盆，还有葱花、虾米和盐巴等调料，再加进豆腐和碾碎的番薯粉，手抓烂成稠泥浆状。此刻，锅里的水已开，抓把“泥浆”一捏，虎口处挤出一团，另一手拿调羹一接浸入沸水里。等这些都忙完，熄灶火，下猪油、胡椒粉调好味，将锅里的大杂烩装碗。顾不得烫嘴，嘘嘘呼呼吃起来。那可不是清汤寡水，浓稠滑润的热汤暖人心腹。

很多年以后才知道，这道叫“松丸子”的美食居然还是客家名菜，如今已上榜“中华名小吃”。和我做的不同之处在于，色、香、味诸方面都更为考究。瘦肉、冬笋、红菇、马蹄和水发鱿鱼等配料切成丁状，将葱珠、鱿鱼在油锅里煸炒起香，倒入其他辅料一起炒至半熟，调好味起锅，再拌入豆腐、番薯粉，抓匀后捏成丸，放高汤里中火煮熟，最后撒上葱花。青葱、黄笋、褐肉、白马蹄，加上红菇晕化出来的淡紫红色浓稠汤汁，让人很是赏心悦目。豆腐的松、马蹄的脆、番薯粉的滑，结合成松脆香软、滑溜而有弹牙感的特点。按客家人习俗，取其松脆之特色，每年立春那天吃了松丸子，预示一年到头日子过得轻轻松松，诸事痛快。

还有一种"福建名小吃"，叫宁化酿豆腐。"酿"在客家话里是一个动词，有"植入馅料"之义，通俗一点讲，酿豆腐就是有肉馅的豆腐。把瘦肉、香菇、鲜笋、葱白剁烂成泥，加盐巴、酱油、猪油，用番薯粉抓透，然后，在切成方块的豆腐中间掏掉约三分之一，嵌入一团已经抓黏的馅料，放油锅里小火慢煎，等到豆腐略显焦黄、香气飘起时，舀入高汤，文火焖五分钟左右，撒胡椒粉，加酱油，再煮数分钟收汁，点缀上葱花便成。酿豆腐香浓爽口，非常下饭。一口咬下，先韧后软，植物蛋白的素味和动物蛋白的荤香纠缠在一起，勾人食欲。

客家煎豆腐也让我印象深刻，它同属于"福建名小吃"。"煎"在客家话里是油炸之义。小时候的一个暑假，我寄居在保姆家，和她老公去郊区侍弄菜园子，带去的饭菜中就有从瓮坛里夹出的煎豆腐。中午饿了，坐树荫处，扒一口捞饭，叼上煎豆腐撕下一块。煎炸成金黄的豆腐像漏气皮球，瘪得就剩一张皮囊，上面除了没化完的粗盐，还有米糠的熏香和红艳的辣椒末，很劲道，很有嚼头。和着米粒于齿间研磨起来，越嚼，口舌越是生津，香气四溢。

过节时，我看过保姆做煎豆腐。她把豆腐切成一寸见方的正方块，放簸箕里沥干水，再入油锅煎炸，待到外皮焦黄，豆腐中空，纷纷鼓胀着浮上油面，便捞起控余油，然后架到米糠上熏。冷却后，夹入瓮坛，撒一层粗盐和辣椒末腌渍，再夹进一层煎豆腐，如此反复，最后封坛保存。地里青菜接不上茬的时候，便可开封，夹几块出来，切丝和芹菜、青蒜炒后上桌。

此外，宁化游浆豆腐制品中进入“中华名小吃”“福建名小吃”菜单里的，还有驼子豆腐、水晶白玉饺等一干好吃的菜品。

改革开放前的中国，温饱一直是个大众问题。而中国的美食总是由节俗而生，人们祭祖拜天地，也顺便犒劳一下自己。正月属于一年之首，也是农闲时节。肉类稀缺贵重，还要凭票供应，黄豆则是寻常之物，素食菜肴的主要原料。它的制成品豆腐，富含植物蛋白，冷热皆可入口，老幼皆宜。坊间称之为“植物肉”，可谓实至名归。正月里，客家人即便是经济最困窘的家庭，也要做一锅游浆豆腐，如此心里才能踏实下来。除了各种新鲜吃法，正月里制成的豆腐还要想方设法储存下来，比如制成干货的腐竹、半干的豆腐干、借助有益菌发酵霉变的豆腐乳……当然，煎豆腐也属于其中的一种。

古代的医家秘籍上讲，凡到一处新地方，先吃豆腐，就能逐渐适应当地水土。豆腐不趋炎附势，是寻常百姓家的常客,犹如我们的亲人,虽平实无华却历久弥新。这就像清人所咏:“最是清廉方正客,一生知己属贫人。”

有消息说,为了高产,这些年来,华夏大地上的黄豆大部分变成了转基因品种。在闽西宁化,原本广布田埂的黄大豆,二十年前就觅不见踪影了。如今的农民,自家几乎不留种,都是到种子公司购买。更让人心生警觉的是:中国的种子公司到底有多少家已经被外资控股?我不知道,今天打成豆浆的黄豆,又有多少是国外进口的转基因品种?

在闽地那些重山褶皱里,再不济,我们还有当年的新鲜黄豆,还有森林里奔涌而出的泉水,以及没有添加任何化学成分的游浆豆腐。这样的日子和人们的生活渐行渐远,我们该花怎样的心思来苦苦挽留?

这种芋头不寻常

对芋头，福州话没给过好脸色，不是用来损人，便是用来讥讽人。“死囝”“芋囝”“芋蛋”“芋头傻”……俗语里还有“后生囝相思病倒芋麓”，讥讽的是有非分之想的人。也许，芋头从来就不是人类生活里的主角，只在灾年才可能联合瓜菜解饥救命；也许，它外形椭圆，表皮还长着棕褐色细毛，酷似人头，方便类比。这种植物的地下球茎，在福州方言里就是既傻里傻气又不自量力的角色。

天南星科植物里母芋球茎最大的一种芋，因其乳白色芋肉带有紫红色槟榔果的花纹，被称作槟榔芋。如果说福州人对槟榔芋还怀有特殊情感，那很大一部分原因是传统福州菜里有一道叫八宝芋泥的甜食。作为最后一道压轴菜，它通常在酒宴收席前推出，让人一清油腻味重的口腔，然后甜滋滋离席。

福建东北部沿海地区几乎都有做芋泥这道菜的习惯。

集福州菜之大成的百年老店聚春园，那里的八宝芋泥最地道，所用食材来自福鼎，叫福鼎槟榔芋。20世纪末，聚春园烹制的太极芋泥，曾经被中国烹饪协会认定为“中华名小吃”。前不久，和聚春园的一位大厨闲聊，提及福鼎槟榔芋，他像说到老朋友一样不由得“哦”了一声，还朝我会心一笑。如今，福鼎槟榔芋因其品质优异，已获得国家地理产品标志保护，专称福鼎芋。此芋不是通常的椭圆形，它呈圆筒状，长如炮弹，其肉质酥松，口感细腻，味道绵香。福鼎芋的个头超大，有年福鼎市举办“芋王争霸赛”，最后，“芋王”以6.5公斤的重量上榜吉尼斯纪录。福鼎芋大牌有脾气，独产于福鼎市桐江东岸的山前一带，如若引种其他任何地方，无论专家们怎么精心呵护都拒绝成功。

这可真是具有气节的芋头！遥想当年，这样一截植物球茎做成的菜肴，在强盗林立的饭桌上，竟不显山不露水地挽回过一个民族的脸面。

据传1839年，身为钦差大臣的林则徐到广州督办禁烟大事，英、德、美、俄等国领事宴请中国官员，席间有道冰淇淋。中国官员从未见过此物，看其冒白烟，以为是一道热菜，端起杯子吹气驱热，旋即惹来外国佬哄堂大笑。事后，林则徐礼尚往来，设宴“回敬”。席末，侍者端上了一盘芋泥，颜色灰紫，光滑发亮。外国领事纷纷舀起往嘴里送，马上，有人两眼圆睁，有人哇哇直叫，一个个被口中之物烫得洋相百出。殊不知这芋泥可是高糖高油的甜食，蒸透后，糖水、猪油和芋泥融为一体，将热气封裹得严严实实，外表冷静，内里却滚烫异常。外国佬误以为是凉菜，大咧咧进食。林则徐可是童叟无欺地介绍："这是我家乡侯官（现为福州）的名菜，叫八宝芋泥。"

福州人对这道甜食情有独钟，不知和林大人的民族气节是否有过关联？过去，商店里都有做成半成品的芋泥粉和速冻的八宝芋泥出售。20 世纪 90 年代末，中国人的温饱问题解决后，芋泥因其高糖高油，逐渐淡出了百姓餐桌。

如今市场上鱼目混珠，冒牌"芋鬼"横行，因种质、种植地域和方式都不对，松、酥、香就别说了，煮不烂还味同嚼蜡。没有专业知识和长期的经验积累，真伪辨识，让好这一口的人也不敢轻易下手。

有年 8 月去福鼎出差，买了一袋刚上市的福鼎芋给母亲送去。八十多岁的母亲恐我不识芋，当即翻开，只偷瞄一眼，马上笑道："这是好芋！"

几天后，因为本地的一个什么节，我被叫过去吃饭。进屋的时候，看母亲正在厨房里忙着，我对做菜也有点兴趣，乐得打下手。母亲掀开锅盖，絮絮叨叨说开了："碰到这么好的槟榔芋，不做芋泥吃可惜了。"

蒸锅里的福鼎芋被刮去外皮，取中段，一片片切成大约两三厘米厚，蒸了十几分钟已经熟了。母亲让我取出放到大砧板上，用锅铲一点点压成松而酥的泥粉状，再剔除粗筋。那一头，她已经把锅烧热，在清水里加入白糖，搅拌融化，然后让我倒入芋泥，开文火翻炒、搅匀，再加入适量猪油，慢慢炒成糊状。关火后，一半装入圆盘，把事先做好的馅料铺在中间。这就是所谓的八宝馅心：花生炸香压碎，去核的蜜饯、红枣，冬瓜糖、瓜子仁等切细，再拌上豆沙。最后把剩下的芋泥盖上抹平，面上撒上炒熟的芝麻，端进蒸锅，旺火蒸透，使得猪油、糖和芋泥三者无缝融和，结为一体。

自己动手做的芋泥，制法得当，真材实料，果然软糯滑润，香甜绵长，最难忘的是那一股芋香。荤菜素菜吃多了，口重，来几调羹芋泥清口，也是很爽的。

餐馆里的味道也不过如此，外观收拾得更清楚美观而已。比如，用湿淀粉勾糖汁薄芡浇在蒸透的芋泥上，光滑晶亮。还有，在圆盘里的芋泥面上，用紫薯泥塑出太极鱼，红樱桃对剖点缀出鱼眼。同样的东西，表面稍事“装修”，便摇身变成了阴阳相交的太极芋泥，还和人生哲学扯上了什么关系。

质地最好的中段做了芋泥，前后两部分余下的芋头也是好东西。把它们切成一两厘米的长条块，下油锅炸熟，让粉质的芋块紧结成形，这样煮汤时不易散失。说话间，看那边一锅菜鸭汤已经煲到了八九成，把控好油的芋块放入再煮，一锅被福州人称作鸭芋的热汤便端上了桌。汤色清澄有芋香，芋块松糯现荤味，两物彼此扬长避短，堪称绝配。据老人说，鸭肉和芋头配搭能滋阴润燥，养胃理气，特别适合秋燥季节食用。

这两道家常菜不知跟随了福州人多少年，年节餐桌上总少不了它们的身影。改革开放前，商业服务还不发达时，每个家庭主妇都能随手做出这两道菜，足见槟榔芋在福州人生活里的地位。

印象里，在福鼎吃过一次福鼎芋大餐，那种香、酥、松、粉的感觉，至今记忆犹新。一整桌菜肴，几乎都和福鼎芋有关：除了香芋饭、芋饺，还可与禽畜、海产搭配做成或干或湿、或冷或热的菜品，更别提各式甜点小吃了。福鼎芋不仅可以做粮、做菜、拼冷盘、烧热汤，还可以塑制形象菜，进行果蔬雕刻，在餐桌上的表现可谓全方位、无死角。

大快朵颐之后，试着还原那道香芋饭，大约是这样做成的：福鼎芋、水发香菇、五花肉切丁，下油锅翻炒，再加进各种喜欢的调料。洗干净的籼米浸泡半小时，放入电饭煲，再把炒香的配料铺其上。饭煮熟焖二十来分钟后，揭盖，将整锅芋头饭从上到下翻搅均匀，使其蓬松透气，颗粒毕现。其实，这就是咸饭的一种做法，只是有了福鼎芋的加盟，牙齿咬起来更为松软、酥粉，一改米饭通常的舌尖触感，咀嚼之时芋香四溢。

福鼎芋给人的惊喜还没有完。有厨师居然可以以它为主料，做出一桌琳琅满目的宴席来。

前不久，为了完成一篇美食文章，我采访了福鼎国家级闽菜烹饪大师郑成勇。1990 年，他在北京人民大会堂做过芋菜专项厨艺表演，烹制出二十多道菜肴，其中一些还被列为人民大会堂和钓鱼台国宾馆的国宴佳肴。2004 年 10 月第十四届“中国厨师节”，郑大师与福鼎四位厨师现场烹制出来的香芋宴，被评为中国名宴。

香芋宴的菜单如下：香芋扣肉、香芋蒸排骨、芋茸香酥鸭、芋液金波、香芋芙蓉小象蚌、金丝香芋虾、鳑肉玉枝、石烹香芋油蛤、鲍汁香芋、炸香芋丝、芋香葫芦酥、香芋天鹅酥、槟榔芋枣、香芋小炒皇、碧绿酥、石烹香芋油蛤、蜂巢香芋酥、拔丝香芋、锦绣香芋面、鸡汤氽芋饺、香芋丸、太姥挂霜芋、荷塘鲤跃、太极芋泥、金玉满堂……

福鼎芋全身都是宝，芋艿、芋叶、芋管一个不能少。这些菜肴涵盖了热菜、甜点、小吃，从氽、煮、蒸、炒、炸、熘到挂霜、果蔬雕刻等，该用的烹饪手法都用上了。

有幸品尝过若干，怎么烹制也略知一二，再经当事人现场解说一遍，就有了更深一层的感悟。譬如香芋扣肉吧，它明显带有来自民间的痕迹。中国人在温饱问题解决之前，总是油荤食物少，要不年景不好时怎么有“瓜菜代”一说呢。若换成“猪肉代”，那一定会和皇帝在灾年里让百姓烙饼一样可笑。所以，一旦烧香芋扣肉这碗菜，为了面上好看，须装成满满一大盘子，底下就得埋入形色上做成猪肉的芋块。后来，人们发现二者相配，取长补短，芋块吸收了五花肉的荤味和油腻，真正做到了“无味使之入，有味使之出”，五花肉也显得肥而不腻，摇身一变成为经典。再后来，美味的芋块被吃尽，盘子里剩下的反倒是五花肉。看来，一碗普普通通的菜肴里也能承载生活发展变化的历史。

菜是这样做的：带皮五花肉刮洗干净，切成方块，放清水煮至七成熟，取出冷却后，用牙签把五花肉皮刺扎均匀，以酱油、白糖调成的酱汁均匀涂抹于肉皮，再入油锅炸至肉皮金黄，捞起切成薄片。把切成相同大小形状的芋块烹炸后，两片芋块夹一片肉，交错搭配整齐，肉皮朝下码入碗内，加高汤，下酱油、白糖、黄酒等调料，进蒸笼蒸约二十分钟。出蒸笼后，将碗中汤汁滗干净，反扣于盘内，讲究形色的话，把焯熟的花椰菜围着香芋扣肉摆盘，一圈翠绿托起一团酱红，很是赏心悦目。最后，将滗出的汤汁回锅勾芡，再浇淋于香芋扣肉上。

海鲜和芋管的神奇姻缘，则促成了蟳肉玉枝这道菜。它是把福鼎芋的白管剔除外膜，切成三厘米长、一厘米宽的长条，放入盛器内盐水浸泡半小时除去麻涩，再捞出加少许精盐抓至发软，其后压去水分，放入开水锅中氽至六成熟时取出。旺火锅里下油，加入姜丝煸香，倒入沥干水分的芋管炒，再加入剔除壳的熟蟳肉，继续翻炒，上汤炝锅，加入白糖、盐等调味，然后用湿淀粉勾芡，点几滴黄酒起锅，装盘时浅绿的芋管铺在下面，红白相间的蟳肉、蟳膏堆于其上。此菜一荤一素，口感爽脆，味道清鲜香醇。

太姥挂霜芋属于甜点类小吃，因芋条表面结满白霜，故名。挂霜芋必须趁热吃，轻咬一口，外酥脆内松软，转眼间，芋条已经融化在嘴里，芋香、糖香、脂香就像一群小鱼，在齿颊间躲闪游窜，搅起满腔的香甜，继而又从喉咙口缓缓流淌下去……整个过程，让你身上的每一个毛孔都透出欢愉。

挂霜芋看似简单,霜却不是想挂就能挂上的。做法有诀窍:福鼎芋去皮去头尾,切成三厘米长、一厘米宽的长条,放入鸡蛋、面粉调成的稀糊里抓匀。锅置旺火上,油烧至五六成热时,放入芋条,小火慢炸,不断翻动,使芋条受热均匀。等表皮略硬显微黄时,取出沥油。净锅复置火上,下少许水和白糖化液,然后转中火,熬至白糖液出现大小泡比较一致时离火,倒入芋条翻炒,使糖液均匀挂附于芋条,直至芋条冷却下来,糖液变成霜白,摆盘装饰。一盘白里透黄、覆霜如粉的挂霜芋大功告成。

内行人说,制作挂霜芋要选用中秋后出土的福鼎芋,这时的福鼎芋脱尽了水分,淀粉转化到位,烹炸后不吐水,挂霜成功的把握更大。

迄今为止,好像还没听说过有哪一种蔬菜品种,能让一位厨师这般大展身手,从而激发出如此巨大的想象力和创造力。

当地的农业专家告诉我,质地优良的福鼎芋都是按传统方法,用农家肥种植出来的。农历八月福鼎芋叶片停止生长后,通常继续搁田地里脱水,促其淀粉转化,直到中秋叶片黄枯后,这芋才算成熟了,捂透了。此时挖起,置通风处储存,直到正月间不腐。而用化肥等催大促长的,不仅口感不够松、酥,芳香气味不足,紫红色槟榔花纹少,八月母芋停止生长时,若不及时挖出,便会陆续溃烂,即便出土,时间一久,也容易干萎败坏。正因为这一点,当地中秋后上市的福鼎芋特别粉、特别香,价格自然也就不菲了。

福鼎芋品性孤傲,洁身不染,令人称奇。如果我们的地道食材都能有这样的天性,倒逼用偷工减料来逐利的人去敬畏自然条件,敬畏生态环境,认认真真在栽培、加工技术上下真功夫,中华美食保持其不败的品质就有了前提。

起早吃下一头牛

20世纪90年代末,在闽西连城县拍摄电视宣传片,我们把冠豸山风景区能涉足的景点基本巡过一遍。摄像是个小胖墩,平常不好运动,行进途中几十斤重的摄像机由随行保安帮助背扛。无景拍摄之时,他都是空手徒步,半天下来,也累得嗷嗷直叫唤。

我冲他开玩笑道:“请你来看5A级风景,养眼不说,还有吸不完的负氧离子,没让你买门票已经便宜你了。”

后来的一天早晨,旅游局朋友要我们体验当地的饮食文化,带大家去吃客家美食涮九品。我们之前都没这经历,不明就里,眼睁睁看着端上来一大圆盘牛杂、牛肉什么的,热气腾腾且酒香冲鼻,还有几盘客家点心,捆粄、灯盏糕、芋饺。场面好隆重。

朋友介绍说，这是优选黄牛身上九处最精华部位，在客家水酒里涮熟，还有草根香呐。

我们大快朵颐时，配的汤居然是涮肉后的水酒。一大清早的，这涮九品可是重口味，硬生生撬开无精打采的胃口，唤醒了大家睡眼惺忪的早晨。

摄像吃得最欢，从里往外热腾，一张白脸上红扑扑的。喝一口涮酒，百忙里还没忘自嘲："起床吃了一头牛，还有早酒壮行，今天爬山何愁没力气呀！"

通常，福建人口味清淡，特别是胃口未开的早晨，更是远避油荤，一碗白稀粥往往还得配以开胃爽口的萝卜干才能下肚。如此重口味的早餐何以横空出世？这是许多年以后才想要去深究的问题。后来，又去了几趟连城，从当地民俗专家嘴里断续了解到个中的来龙去脉。

旧时，连城西南部朋口溪一带，属于汀江流域。碍于闽西山重岭叠的地貌，水路自然繁忙，当地的木材、土纸通过船运，到广东交换油盐等物资，故此，船工、排工云集。苦力们风里来雨里去，长年累月劳作于水面，暑盛湿重算是一种职业病，时间久了，便人人都懂点医术。他们经常采摘水边一种草药，煎煮当茶饮服。这种名叫辣蓼的野草具有祛风利湿、通经活络的功效。后来，寒冬里为了御寒，就加入喝剩的水酒来煮，又增添了活血补气的功效。过去牛杂上不了台面，杀牛时往往又嫌其处理麻烦，便顺手丢弃河里，随水漂流。有船工嘴馋，捞上来洗净污秽，和着辣蓼、水酒一块炖食，岂料滋味妙不可言。祛湿驱寒，味美还能扛饥，强壮筋骨，便再也离不开它。

时光流转，曾经繁忙的航道早已衰败，这种偶得的吃法却流传下来，再经过一代代民间巧手的升级转型，最后，定格在精选黄牛全身九处脆嫩部位，米酒中涮熟入嘴，衍成一道客家传统名菜。

这种从治病养生嫁接到美食的过程，似乎浓缩了客家先民筚路蓝缕后安居乐业的迁徙历史。客家祖地宁化的擂茶也是这样的异曲同工之作。

为了满足好奇心，在连城，我专程去了解了涮九品从市场采买到店铺涮制的全过程。

清晨，菜市场刚刚开市，店家就得出现在牛肉摊前，一样样挑选自己心仪的部位：牛百叶肚、牛肚尖、牛蜂巢肚、牛草肚壁、牛里脊肉、牛舌峰、牛心冠、牛腰子、牛肝。

食材拎回店里，必须马上着手处理。牛百叶要涂上生石灰，稍腌后，一页一页翻开来洗两到三遍，然后洗净外膜；草肚壁、蜂巢肚要用刀背拍打几下，再剥去表层黑膜和油膜；舌峰滚水烫过，搓去硬膜，或者直接把肉质粗的上皮削掉；牛腰对半剖成两片后，剔尽臊管……烦琐复杂的过程后，一概置冰箱保鲜备用。

把晒干的辣蓼、香藤根、花椒、姜片和切成块状的牛肉在锅里旺火熬出汤汁，滤去杂质再倒回锅中。同时，老姜刮净皮，青葱切成段，放到小石臼里舂成茸状待用。

一旦来客，取出冰箱里的食材，根据九种食材肌理和质地的不同，切片的切片，剞花的剞花，如同面对工艺品一般精雕细刻。腰片、心冠、蜂巢肚、肚尖先剞上十字花刀，再切成大约一厘米宽、三厘米长的块状；牛百叶切成条状；草肚壁、牛舌峰、里脊肉和牛肝分别切成薄片。按部位不同，分门别类放置于大盘中。

精细讲究的刀工是口感脆嫩的关键所在。除了齐整好看、大小适合入口食用外，还要在方寸之间，通过不同的刀法以及下刀力度、位置、方向，条状、块状，使质地不同的部位大致能同时间涮熟，确保入口鲜嫩脆爽。

接下来，撒上碾细的番薯粉，逐类抓匀，稍微腌渍。番薯粉包裹食材表层，遇热形成凝胶，锁住蛋白质外渗，确保肉质滑嫩不柴。这时，把水酒倒入锅里熬好的汤汁中，旺火煮沸。糯米酿制的客家米酒，宜淡不宜浓，这样才不至于喧宾夺主，抢了牛杂的鲜香味道。然后，根据食材厚薄、易熟次序，先推入肝、心、肚尖和舌片，开锅后再放入肉片，紧跟着的是牛肚壁，最后才下蜂巢肚、百叶。

涮是一种烹饪手法，就是把薄片状食材放入滚水锅里略烫一下，取出来蘸佐料食用，讲究鲜嫩脆爽的口感。故此，火力要旺，锅内汤水得尽可能保持沸腾状态。一旦滚沸便再加入新料，稍稍翻动，最后以读秒的速度全体捞出。涮烫时间掌握不到家，清脆便与你擦肩而过了。涮好食材装入大盘，红褐黄白黑，九种部位的肉质显出深浅不同的颜色，很丰富的样子，惹人口舌生津。其后撒上精盐拌匀，锅里余下的汤汁装入锡壶，随斟随喝。

别急，还有一道工序，蘸料可不能马虎。烧热油锅，把老姜、青葱茸倒入炝炒，加进汤汁推匀，再眼疾手快浇淋到大盘中涮好的食材上。姜黄和葱绿调成了浅绿色，冒着浓郁的辛香，闻之胃口已经豁然顿开，满嘴馋虫蠢蠢欲动。

二十多年前懵懵懂懂被拉去吃涮九品的感觉别致新颖，依稀还储存于味蕾记忆。好像是在酒香四溢的气氛里，先夹起一块，试探着小咬一口，齿感脆且嫩。牙齿大胆发力后，是一种愈来愈过瘾的脆爽，跟着鲜香犹如铁屑遇到磁石，朝舌尖围拢过来。后面的感觉是恨牙齿太少，齿舌全力以赴参与咀嚼，在肉香、酒香、草根香彼此纠缠的荤香里，还有一丝丝的鲜甜从舌边渗透出来。咀嚼累了，配一口涮过肉的酒汤，清甜芳香，温热散寒，全身立马暖热起来。一顿早餐，大碗酒大块肉，感觉吃出了刀山敢上、火海敢下的江湖豪气。

印象最深刻的莫过于脆爽，其程度因黄牛身体部位的不同，深浅有别，层次丰富。

后来，读到古人品尝涮九品写下的诗句："草里藏珠少人问，脆声嗦嗦隔山闻。琼浆难比盘中味，引得神仙下凡尘。"哇，如雷贯耳的民间美食——这头咬，那边拦着道山梁还能听到咀嚼之声。多少年了，这种经典的脆响绵延不绝。今人抓住涮九品的特征，还为之取了个更痛快的名字——一盘九脆。

听当地朋友说，民国时期涮九品曾经入选"中华名菜谱"，泱泱八闽大地也仅有佛跳墙与之并列比肩。真真切切的是 2016 年，涮九品上榜"福建十大名菜"。

改革开放后，当地名厨对这道菜品进行过改良，借鉴北京涮羊肉方法，增加了辣椒、陈醋、姜汁、蒜泥、香菜、芥末调制的蘸料，以及山楂酱、芝麻酱、沙茶酱等一系列的佐料。自行涮烫的方式、五味俱全的蘸料，刺激着四方宾客的食欲，丰富了人们早餐时的表情。

涮九品从食材来源到“因材施刀”，再到火候的掌控，一步都怠慢不得。这二十多年来，数次吃涮九品，即便满嘴钢牙，也遇上过百嚼不烂的窘况。选材不地道，手艺不精湛，这是无法回避的问题。天下美味，急功近利而忘了初心，就到它该谢幕的时候了。

饮食对于华夏民族而言，从来都不仅仅是果腹充饥这样简单的一件事情。从食材获取到烹饪过程，再到菜肴名称，每一道美食都与当地的自然、人文和风俗脱不了干系。

闽地山叠山水重水，沿海沙质地不宜农耕，内地又是零碎的山垄田，耕牛难以派上用场。当地土著曾经刀耕火种，一次次避乱的南迁汉人，带来了中原先进的农耕文明。连城芷溪、新泉两地依旧保存有北方崇牛习俗，每年立春前后，都要举行“犁春牛”仪式，以家或村为单位，由七人组成的锣鼓队开道，两位童男童女提“风调雨顺”“国泰民安”吉利灯，牵牛僮牵着用红绸布扎花披头的健壮耕牛，后接犁田、送饭、钓鱼、挑柴、抬农具、读书、挑牛草、挑谷子及抬松明火等二十余人组成的队伍。牵牛僮和犁田者扮丑角，即兴表演，伴以“嘿、嘿”的喝牛声。他们赤脚卷袖戴斗笠，男的扭腰，女的系围裙。围观群众还要唱山歌，俨然一幅热闹的春耕图。

牛是农田耕作的重要役畜，它大大减轻了农民的劳动强度。以耕读传家的客家社会对牛这种家畜非常敬重，保留了中原用牛祭祀和招待贵宾的习俗，有吃牛肉的传统，牛遂成为广大农村生产、生活不可缺少的家畜。时至今日，八闽大地上，养牛多、爱吃牛肉的地方依然是客家人聚居的西北部山区。而“涮”这种在闽地菜肴里不见多用的烹饪手法，不出意外的话，也是由客家先民在南迁时带来的。

客家人定居在莽莽群山之中，地气冷，瘴气重，自然条件恶劣，劳动强度大，强身抗病需要药食同源，御寒解乏需要米酒。在福建，客家米酒质优味美，酒力后劲如狼似虎，被老酒鬼尊为“老虎尿”，是客家人滋补身体的饮料。除了直接饮用，客家人也以酒当佐料炒菜，既避腥膻，又能提味，让菜品味道醇香起来。这样的菜肴在客家地区比比皆是，叫作涮酒、煞酒或者煮酒。客家人煮家禽、家畜要放酒，烹山上野味要放酒，煎河里鱼虾也要放酒。连城以涮酒闻名，涮酒品种从牛下水到猪内脏，从小母鸡到红菇兔，从田鸡到鲫鱼，还有那些便于储藏的酒糟鱼、酒糟鸡、酒糟鸭、酒糟腌菜……颇似蜀地没有了辣椒、花椒就不能做出美味一样，有些客家地区甚至到了无酒没法起锅的地步。

其中，涮九品坐的永远是头一把交椅。单从这菜肴名称看，与武夷山称茶为晚甘侯一样，黄牛身上的部件逐一被尊称，而古时的官员也不过从一品到九品哩。

涮九品是一道药与膳兼济的菜品，它集清热祛湿、健脾补肾、舒筋活络诸多功效于一盘，而且味鲜口爽，营养滋补。

由于囊括了黄牛身上九个精华部位，又是米酒又是草药，吃后终日精力充沛旺盛。关于这点，多年前那位摄像已经以身一试，正吻合连城坊间的说法“一餐吃了一头牛”“一道涮九品，口福一头牛”。

清晨宰杀家禽家畜，就是为了能吃到新鲜的肉食。传统涮九品作为早餐，选择的是刚刚宰杀的“倒地牛”，食材鲜脆，腥膻味少，以此来保证其口感脆嫩和味道鲜美。据内行人说，一头牛身上九处最精华的部分，拢共就几斤的样子，较真起来，仅仅够做一桌菜。

这样的苛求，便是各类地方美食难以推广的窘迫之处。假如说辣蓼和香藤根晒干了还能运到外地备用，在中国的都市，哪儿还能让你找到“倒地牛”？反言之，这偏偏成就了地方美食无可替代的特性。欲治远行游子心间的乡愁，解药只能留在故土。

在出产地，连城人引以为傲的涮九品同样面临着传承的尴尬。张记新泉美食店在连城颇具名气，老板做涮九品已经近二十年了，被强制召唤归家子承父业的儿子，切着配料时，心里还沉浸于在厦门咖啡店研磨咖啡豆的情景里。

地方美食讲究原汁原味、应时应季，做这个传统行业，睡半夜，起五更，苦累利薄是必然，在年轻人眼里已然失去光环。传承断代，后继无人，是很多中国地方美食难以解开的死结。

这个问题如果无解，那些让我们津津乐道的滋味，还能延续多久呢？

有一种面叫长命

常言道:“北方的面,南方的饭。”闽地不属于麦子产区,基本不见种麦,亦无吃面食传统。让人匪夷所思的是,闽人做起面条来却毫不含糊,能把面条做到最细,拉到最长,将南方人细腻的脾性固化在精致如丝的面条上。

这种面叫梭面。闽都人向来不嗜好面食,对梭面却情有独钟,居家必备,它贯穿于人们日常生活的方方面面。批评爱摆花架子、华而不实之人,闽都人只用一句俗语便道尽其本质:“梭面未做架先摆。”俗语的基础是大众化,足可见对于大部分闽都人而言,梭面的制作工序已了然于心。

十多年前,母亲身板还硬朗的时候,经常会走街串巷,寻找闽都鼓山脚下后屿人做的手工梭面,三五斤地买回家,再配上一二十只鸭蛋,包好,贴上红纸。今天是给大舅祝寿，送去的梭面叫寿面；没几天又是三姨家外甥女添丁，送去的梭面叫福面；几个月后是大伯家侄儿定亲，送去的梭面又变成了喜面。

过去，闽都人泡梭面，断然少不了两粒鸭蛋。与吃太平燕的习俗一样，眼前的面，马上变成了太平面。如此礼遇，一年一度的生日不可或缺。正月前后，太平面更是隔三岔五出现在闽都人的饭桌上。游子归家团圆，吃一碗太平面，寓意居家平安；大年初一，吃一碗太平面，祈求万福安康；离家时，还是一碗太平面，希望一路顺风，连起牵挂，记得常回家看看。

泡梭面，除了细软溜滑的一束面，就是清鲜味美的汤，或多或少的几块肉只能算是点缀，半流质的样子。梭面细细长长，易煮易熟，好下口，有营养，好消化，最合适妇孺病者，便有人称它为"病号饭""健康面"。

为什么叫梭面呢？

这和闽都民间传说有关。相传九天玄女为了给王母娘娘祝寿，煞费苦心准备贺礼，最后，她用充满智慧和灵巧的双手，精制出细如丝、长如发的细面条。说闽都梭面的创制得到过九天玄女指点，这是有出处的。旧时，福州梭面手工业者都拜九天玄女为制面始祖。他们家里供奉九天玄女神像，两旁悬挂对联，左边"金梭玉帛"，右边"牵丝如缕"，横批"巧夺天工"。说的是金梭在编织玉帛过程中将纱线撒开，就会出现牵丝如缕的奇观。凭此，纺织业者也将九天玄女奉为职业神。这种面就是九天玄女撒向人间的神奇纱线——用梭子牵丝如缕一般做出来的面，不叫梭面叫什么？

梭面是由面团一步步搓揉、拿捏和拉扯出来的，工艺讲究，步骤烦琐，每一步都得费工耗力。看天吃饭，梭面成形必须经过日晒和风干，雨天湿度大，是梭面手工业者的休息日。制作梭面非常辛苦，两百斤的面，通常需要三个人，陀螺似的连轴转，一气呵成把面粉全部变成细面条。凌晨三四点时，加水搅拌优质面粉，和面，醒面，看天气的温度和湿度加入一定比例的盐——通常天热多天冷少，控制在百分之三到八之间。面团揉透、揉熟后压平，切成手腕大小的粗条，再从头到尾一遍遍地抹粉捏成长条。大约到手指粗细时，成圈串起挂上撑面杆，放入面槽里继续发酵，同时依靠地心引力，从二十厘米长自然垂到四十厘米。这时，用另一根撑面杆从两股面条中间穿过，将其平行架起，依靠地心引力让面条再垂长一倍，变成竹箸一般细。时间与长度都到了点，一人把两根撑面杆插入架子上的孔洞，扶稳，另一人手执撑面杆穿入下端的两股面条之间，拉直，弓步，用腰腹之力，以手臂均匀后摔，拉一回松一回，反复三五次，待直径细至 0.6 至 0.7 毫米时，梭面已成。这时候，便可以移到露天处上架晾晒。

和面，揉面，松条，串面，牵面，拉面……这一道道的工序，没经过十个小时下不来。

我采访过的制面师傅说，有太阳当帮手做出来的梭面，质量最好。梭面经过暴晒，色泽洁白，面香浓郁。手艺好的师傅拉出来的梭面，丝细如发，雪白似银，柔软且弹韧，入汤不糊，并且面头、面尾的粗细基本一致。

拉梭面要求技艺精湛，不是随便什么人有力气就能拉出来的。闽都后屿、闽侯关源里都是传统手艺人较为集中的地方，他们拉出来的梭面也最有名气。

现今的市场上，也有批量生产出来的机制梭面卖，细得整齐划一，可是质地松碎易断，入汤易糊，各方面都输手工打制的梭面。

烹制闽都梭面不叫煮，而叫泡。这是当地人酷爱的高汤线面，体现出梭面作为地方风味小吃的独特性。

整个流程是这样的：将二两一束的梭面投入沸水锅里，以竹箸拨散，煮一二分钟后，待梭面颜色由白变半透明，即可用竹箸捞起沥水，再放到瓷碗里。一般锅内水稍多为好：一则梭面有摊开的空间，易熟；二则汤水亦不糊，便于析出制作时的盐分。闽都人泡的梭面均含有酒香。后来被我的一位舅舅点拨了一下，才知道这酒还有另一种妙用。往烫熟捞起的梭面里洒一点老酒，用竹箸搅拌均匀，丝缕纠缠的梭面就不会粘成块。这时，便可腾出手取炖好的肉汤来泡面。肉汤中，鸡、鸭、猪上排和羊肉都有，隔水炖烂，汤清味醇。通常还会加入水发的香菇、黑木耳、金针菜和任意一种海贝干，丰富其滋味。从这个角度说，闽都的泡梭面号称百汤百味，一点不掺假。

这时再看碗里，汤是汤面是面，清清爽爽。恰如宋人黄庭坚所云："汤饼一杯银线乱，蒌蒿数筋玉簪横。"这当口，一箸挑起，含起再吸进嘴去，牙齿剪断，锦缎似的软滑柔嫩，嚼不粘齿，同时沁出高汤的鲜美。

家里不可能天天备有肉汤，为了快速充饥或解馋，梭面还有一种应急吃法——干拌吃。煮熟的梭面捞起，加猪油、味精和老酒搅拌匀，吃起来也香滑有嚼头，别具一番滋味。

制面师傅说，梭面最长可以拉到七八米。这显然算天下最长的面了，故又叫长面和寿面。闽都话里，"面"与"命"谐音，那就是"长命"了。再将之与鸭蛋泡成太平面，两层意思叠加，便成了闽都地域最为吉祥的贺寿食品。

闽东语系各地声调不同，但"面"和"命"始终是谐音。八闽沿海最北的福鼎，把这种谐音演绎到了极致。梭面在当地寿宴上不可缺少，被称为长寿面。面一般在五十厘米长左右，按当地风俗，若你身矮臂短，吃的时候就是站到椅子上夹也不能掐断。一人全力夹的时候，众人嘴里还会念念有词："这面很长！这命很长！"如此一来，整桌人都表达了对寿星长命百岁的祝福。

记得是20世纪90年代初，当时福州的旧城改造还没有大规模展开，在闽都鼓楼前门一家窄窄的老铺，我吃过一碗蛏干羊肉泡面。汤没有腥膻，却满是羊肉特有的鲜香，梭面滑嫩，咀嚼有物。此后，对于泡梭面再也没有留过什么特别印象，不知是因为食材不够地道，还是肚子见过的世面多了。

闽都人嘛，家里梭面常备，逢年过节以及一些特殊的日子，必须泡梭面。年复一年下来，后来有机会与外地的美食相比，便开始感觉做法过于单一，符号味太重，只是为了寓意美好而泡而吃，已经不像一种舌尖上的地道美味了。

与中规中矩的闽都人比起来，闽南人的确是“爱拼才会赢”，凡事敢为天下先。闽都人唯恐泡糊泡烂的梭面，居然被漳州人拿来热炒，不仅当了主食、点心和夜宵，还被端上了高档宴席的餐桌，甚至出现在厦门“金砖会晤”的欢迎晚宴上。

这道叫炒面线的菜肴，是漳州地区独具特色的传统食品，为宴席必点的主食。炒面线要做到不糊不焦，除了技巧外，还必须掌握好火候。

做这道菜，首先要炸面线，这得有真功夫。锅里的油热到约六成时放入面线，看到浅咖啡色时捞起，放到沸水里烫去表层的油腻。经过这道处理，一来面线定形，二来过水后面线回软，避免生硬被炒断。因为面线柔韧且绵长不易断，闽南各地也是以此借喻平安长寿。

漳州地区盛产海鲜，配料通常有虾仁、海蛎、鱿鱼及剔骨的鱼片，切丝的香菇、红萝卜和青菜也不会少。主料和配料在油锅里炒好后，还得加入高汤稍稍焖煮收汁，使各种食材的味道得到进一步的融合。炒面线油而不腻，筋道爽口，让人百吃不厌。

因为广受大众喜爱，如今，闽都很多餐馆也纷纷引进了这种食物的做法。

面线在闽南人手里，或远离水，或与水纠缠在一起，像拉得细长的面线一样，都往登峰造极的境界去。

十多年前，出差泉州晋江，和朋友去当地著名的小吃店，平生第一次吃闽南传统早餐——面线糊。朋友很有人缘，脚一踏进店门，熙熙攘攘的店里，这头递香烟，那头打招呼，满场熟络。

都说没吃过面线糊，就不算到过晋江。看那炉头上的大铝锅热气氤氲，锅内灰褐色的汤羹里，一截截半透明的面线在游动。依此推测，煮面线糊的面线一定得手工打制，而且必须工艺精湛。若不，那么熬着，早化成一锅糊了。

一大早的，我向来口味清淡，在朋友指点下，我只要了虾仁和卤蛋做配料。坐下来等待的时间里，朋友推介起面线糊来。

面线糊吃的是汤头。猪大骨中火炼制，加小块鸭肉，也可用鳗鱼头替代，以虾、蚵、蛏、贻贝等味美质鲜的海产品熬汤。肉烂捞起，留下汤做面线糊。开锅后，把捻断的面线放入浓汤，然后盐巴调味，葱珠增香，加湿番薯粉勾薄芡，并不停推勺至面线浮起，锅中汤汁成黏稠状，坐于炉火上小火继续熬。

这还只是糊，尚无配料。配料是面线糊的重头戏，琳琅满目摆于案桌：卤肠、醋肉、虾卷、虾仁、焯猪肝、小芋头、炸排骨、炒花生米、卤蛋、炒香菇以及各种煎鱼……大概有十几二十种，直挑得人眼花缭乱。

面线糊端了上来，还有油条和菜粿。我的那碗，除了主要的配料，店家在碗里又撒了葱花和胡椒粉，一时辛香飘逸，看似糊，喝起来却清清爽爽。

朋友告诉我，闽南人通常把面线糊作为早点和夜宵。

这种时候往往没胃口,选两三样自己喜欢的配料,滋溜一扫而光,无比过瘾。倘若选取的配料过多,排场盖过汤头,那就不是面线糊的本味了。

对一位“吃货”而言,那众多的配料还是充满诱惑力,等哪天胃口“入乡随俗”了,逐样都来一遍,在闽南的小吃店里饱食一顿也是可能的。

好的面线糊,首先面线必须久煮不糊,柔软滑润,丝缕毕现;其次,面线糊的糊,讲究的是浓而不浊,糊而不烂;第三是面线糊的汤头要鲜美可口,配料要考究多样。

等朋友埋单时,店家说刚才有人付了。朋友开心地笑了起来:“这样呀!等晚上咱兄弟俩痛快喝一顿,那单再有人来埋就爽了。”

漳州的面线糊和晋江一样有名,做法大同小异,仅是配料的变化而已。

纵观八闽,山岭相隔,江河阻道,很难有一样手工制作的食物,能让从北到南的沿海县市都看得上,还可以通过迥异的烹饪方式,做出各具特色的地域性菜肴,而且,其所承载的文化风俗几乎雷同。梭面,或说是面线、线面,这九天玄女从天庭赐予人间的神品,就是这样的唯一。

回头一想,不对呀!这面线糊出格了,它居然敢冒天下之大不韪,把长长的面线捻碎入锅。

惶惶然里,我在漳州的面线糊传说故事里得到了解脱。

据说,乾隆下江南时,来到一个叫罗甲村的小村庄。当地正遇灾年,村民穷得揭不开锅。乾隆在一家秀才门口落了轿，村里人无不为之捏把汗。秀才娘子处乱不惊，她在橱柜里翻搜出一些丰年时啃剩的猪骨头和鱼刺，洗净后熬了一碗汤，又从柜子里扫出一把面线碎末和番薯粉，搅和着做出一碗面线糊。吃遍天下山海珍馐的乾隆居然被征服了，感觉味道奇妙无比，龙颜大悦，还赏了巧媳妇一笔丰厚赐金。自此，面线糊染上了皇权色彩，它的煮法传遍闽南各地。

这面线糊却原来是灾年的产物。那样的时候，有东西能填肚子已经阿弥陀佛了，何来长寿的心思！况且，这面线糊只是价廉物美的早点和夜宵，人家就待在草根饮食的位置上，也没想过要上宴席呀。

这细细的面线哩，还是南方人地道的长命面、长寿面，我们还将生生不息地吃下去，直至吃明白其间的人生三昧。

神秘的红曲

这世间，假如没有了酒，人类还可能活得如此滋润吗？

酒是一种神奇的存在，高兴时可增欢助兴，悲伤时能解忧忘情。在中国，酒从来就和文人墨客万缕千丝相勾连。“白日放歌须纵酒”，那是杜甫偶发的癫狂；“举杯邀明月”，那是李白惯常的性情；“把酒问青天”，就属于苏轼的豪放了。还有柳永“今宵酒醒何处”的千古怅惘，孟浩然“把酒话桑麻”的悠然闲适……

这唤起人们奇思妙想的液体，到底是如何横空出世的？

谷物酿酒，依传统办法先得有曲。所谓曲，有的地方叫酒母。在蒸熟的米饭中植入曲霉，经过保温，米粒上会长出菌丝，晒干便成了酒曲。把酒曲拌入蒸熟的糯米、高粱、玉米这些谷物，它的霉菌、酵母菌等微生物会使谷物里的淀粉和蛋白质糖化，发酵成酒。

从加工来分类，酒可以分成蒸馏酒、酿造酒、配制酒三大类。人类最早酿造的果酒和米酒就属于酿造酒。多年前看过一集《动物世界》：秋天的群猴吃了一天落果，走出森林时，满腹果子开始发酵，酒精上头，红着脸，一个个下盘不稳，趔趄晃悠，让人捧腹。人类祖先轻易就能发现并利用这种现象。陕西临潼白家村遗址出土的新石器时期的酿酒工具"滤缸"，证明早在八千年前，汉民族的祖先已经发明了酿酒法。

米酒，顾名思义便是以谷物酿制的粮食酒，被酿酒业叫作黄酒，在世界三大酿造酒（黄酒、葡萄酒和啤酒）中占有重要一席。华夏民族黄酒酿造技艺独树一帜，包括以浙派为代表的麦曲稻米黄酒、以闽派为代表的红曲稻米黄酒、以鲁派为代表的陈伏麦曲粟米黄酒……

红曲是酿造闽派黄酒的一种特殊曲种。红曲贵在红，这是红曲霉菌丝体寄生米粒发酵而成的，其酿造出来的酒色泽红艳。即便酿酒剩渣红糟，也是一款红彤彤的食品着色剂。

记得20世纪80年代初，在舅舅指导下，母亲有了自酿闽都青红酒的胆量。用的是商店里买来的红曲和糯米，第一遍浆水氨基酸含量高，稠黏黏的，酒精度低，喝起来甜蜜蜜的，极爽口，后来还用红彤彤的酒渣来糟海鳗做菜。坛口开封次数多了，不慎混入杂菌，青红慢慢竟变了味，酸得难以入口。

而这红曲究竟是怎么来的?

晋人江统在《酒诰》里写下过这样的文字:“有饭不尽,委余空桑,郁积生味,久蓄气芳。本出于此,不由奇方。”这里讲得很清楚,煮熟的饭丢弃野地,在一定条件下,发霉发酵而有酒气。人们受此启发并加以改良,逐渐演变成现在的酒曲。

红曲霉为何偏偏喜欢依附于米粒呢?

首先,大米淀粉含量高,有红曲霉繁殖必需的养分;其二,米粒能吸收、贮存水分,可提供红曲霉繁殖过程的必需;其三,湿米容易产生酸类物质,酸米有利于红曲霉和酵母菌的生长;其四,红曲霉和酵母菌共生的红曲,既有糖化能力,又有酒化能力;其五,红曲霉和酵母菌寄身在固体米曲上,便于保存。

与酒进入身体所产生的奇妙感觉一样,由米变成酒曲的过程同样充满神秘感。6月底的一天,不期然获得一个机会,在福建三明红曲制作技艺之乡——大田县建设镇建忠村,我详细了解到古法制曲的过程。

当地红曲叫宫边红曲——宫边为两个村落之间的一处地名,是该村吴氏先祖南迁的落脚之地。相传,宫边古法制曲技艺由吴氏先祖从南宋宫廷酿酒坊习得,后因异族入侵,流落至此,取宫边名寄怀。吴氏宗族的红曲制作技艺,大约有七百余年的传承历史,其制曲无标准可依,不同季节制作方法亦不同,各家有各家的绝活,口授心传,代代相沿。关于酿酒做曲,村里吴氏迄今依旧遵循祖训:传宗不传外,传男不传女。

这些年来，随着传统酒业复兴，八闽红曲制作地纷纷引入机械操作，提高产量。宫边红曲没有一味赶时髦，在坚守古法、遵循古制的同时，还使品质更为丰富细腻，深得酿酒商青睐。

在村部看过村情介绍宣传片，我知道村里的吴姓制曲传承人有近百户，年加工红曲三百二十万斤，占全省产量的百分之二十左右，产品销往省内外。目前，该村正着手创建“中国红曲之乡”。

随后，宫边红曲专业合作社的负责人小吴带我去探访古曲窑，这是红曲古法制作技艺的重要载体。村西有座海拔近千米的笔架山，山坡上是八百五十余亩的风水林，林茂草丰，古树葱茏，庇护着宫边民居。小路蜿蜒，山脚边的野竹和芒草丛中，露出左一溜儿右一排半人高的黑洞。洞口前的草丛上不时出现浸泡曲米的圆水池，裸露的土壁上青苔蔓生。

村里近六百座古曲窑中，百年以上的有三百多座，时间最久远的有三百多年历史，几乎都还在使用中。这是目前为止福建省乃至全国最大的古曲窑群，鲜见而弥足珍贵，已经被逐一编上了序号，加以必要的管理和保护。

宫边红曲每年开做的最早时间是 7 月底。再过一个月，曲香就会弥漫在整个村落上空。眼下是最为冷清的时节，杂草成了统治者。我试着猫腰探进一个稍大的窑口，用手指在洞壁上擦了一下，软软的，好像绒布，还有点湿润。

数年前，在匈牙利东部酒区地窖，橡木桶边的砖墙上，墨绿色的斑驳苔藓厚厚隆起，我的手也触到这样的感觉。看我好奇，酒庄主人介绍道："这些是有益菌，它能使葡萄酒继续发酵变醇。"

从小吴那里知道，村里的曲窑都选择在排水便捷、土层厚实处，依山开挖。通常窑口高 80 厘米，宽 50 厘米，洞内宽约 2 米，高约 1.3 米，深 6 到 8 米。为了保温，洞口外小内大。宫边古曲窑因为背靠大片风水林，温度、湿度得天独厚，恰巧还全是红土壤。红土除了黏与光滑，还特别保温。专业书里这样介绍古法制曲：选择土壤为红色之地，挖一深坑，四周铺以篾席，将粳米倒入其中，上压重石，使其发酵，变为红色……如此一说，这酸性红土似乎还特别适合红曲霉菌生长。红曲专业合作社已聘请专家对曲窑成分进行检测，很快，这里的神秘谜底将被揭开。

通常，曲窑挖好，为了吸潮、保温，窑底必须撒一层谷糠，然后再铺以筛细的红土，夯实压平后，铺稻草再压上谷壳，点火慢慢熏烤，加温干燥后趁热使用。每年开始做曲前，曲窑底的土都得耙掉，重新做一遍。

做曲的十几道工序里，入窑这七天最神秘，也最为关键。眼看、体感、耳听、心悟，一个都不能缺，只有这样，一流好曲才能像花蕾一样，一瓣瓣渐次绽放。

路上听人说有人几天前已经开始做曲，小吴带我马上赶过去。被小吴称为三哥的人正在厝前的空埕上晒曲。圆簸箕里的红曲外皮棕红色，呈不规则的颗粒状，质脆体酥，米心浅红，凑近鼻闻，有淡酸味。

问后始知，三哥提前制曲，是应了客户要求。预定红曲的人酿的是米烧，指名要红衣曲。这种曲发酵快，并且充分，五天后便能出酒蒸馏，马上脱离酒糟，便不存在酸败问题。

再过一个小时，三哥要去曲窑翻曲。我们进了厨房，面对各种器具，听他讲述做曲流程。选早籼米，蒸煮的出饭率高，陈年更佳，黏性小，便于摊开。大米浸泡一夜，使之无硬心，搁簸箕沥干再放饭甑里。蒸熟的米饭松散地摊凉在竹匾里，冷却到四十度左右，撒上自留曲母，拌匀后装箩筐，便可挑往山边曲窑。

到了山边，三哥把曲窑口堵着的谷壳包挪开，猫腰钻进去，打起手电翻耙查看。我探过头去，一股交织着发酵气息的酒味扑面而来，热烘烘的，有近四十度的样子。三哥的手掌伸出洞口，只见白米粒沾上浅浅的黄绿，有一些已经变成粉红色。它们刚入窑两天。第二个曲窑口最上一排谷壳包移开透气，已经四天了。三哥递出来的手掌上，几近橘红色。第三个曲窑口的谷壳包搬到只剩下最底层两个，基本上全敞开透气散热。这里的暗红色曲米上爬满了墨绿和灰绿菌丝，有的还结成一块。明天就满七天，可以出窑，进入筛细、晾晒工序。

三哥说，在曲窑密封发酵的七天里，除了第一天红曲放在箩筐里或者渥堆保温外，次日都要均匀铺开，隔十二小时再翻耙散热，视情形封严或挪开曲窑口的谷壳包。第三天、第四天，还要将曲米装入有细孔隙的箩筐，泡清水或食用碱水，营造霉菌生长环境，以碱抑制酸，放缓发酵速度。然后放回曲窑继续发酵……

做曲和酿酒一样，带有神秘色彩，最终都脱不了霉菌与温度、湿度、酸碱之间的微妙关系。温度低时要保温，封密窑口不说，甚至要用棉被包裹起来。温度高时要通风透气，摊薄的同时，加快翻耙……

返回村部路上，在我“打破砂锅问到底”的攻势下，小吴多少还是把祖训搁一旁，透露了一些个人的做曲感悟。

一个人在曲窑里，四周非常安静，耳朵能听到曲米发酵的声响，像水里冒泡一样，开始动静大，之后慢慢变小，这就告诉你曲米发酵成形了。如果一直没动静，那有可能就是曲母出了问题。鼻子闻曲，如果酒香浓重，这时的霉菌已经烧过了头，制出来的曲不会好。曲香从淡到浓，在七天里慢慢变化，这肯定是好曲。曲窑温度一般控制在四十度左右，还要眼观霉菌变化来决定曲米或堆或摊，或厚或薄。抓一撮曲米贴在眼皮上，感觉到的温度最精确。

虽然宫边红曲心都是红的，但外皮有红衣、乌衣和黄衣三色，酿出来的黄酒颜色和品质也各不相同，满足了市场的多种要求。红衣曲酿成的酒质虽说偏硬，但色红味鲜。泉州地区的人喜欢用红衣曲，酿酒发酵充分、快捷，当年喝完，无窖藏要求。还有一些高山地区，天寒水冷，发酵的走向好控制，不愁酒质变酸。乌衣曲发酵慢，酿成的酒深红醇厚，酒质圆润绵柔，存放时间长。尤溪、三明、德化、南平、大田等地的人喜喝陈年醇酒,对乌衣曲情有独钟。黄衣曲酿成的酒则红里带绿,上一层漂绿,下一层为红。酒的糖度偏高,入口顺,喜甜的人都选黄衣曲酿酒。此曲用得相对少,一般都是搭配着用。

宫边人做曲,除了用自己留种的曲母外,还要配一点外地人做的曲青,当地俗称曲公。而做红衣曲和乌衣曲的区别,就在曲母和曲公配比上:曲公多点就成乌衣,曲母多点就是红衣。黄衣曲则主要靠曲窑的温度来控制,通常低上三度左右。

小吴做曲之余也酿酒。我喝过一杯他的三年陈酿,酒色黑红剔透,入口绵柔,陈香浓醇。他酿的酒多用乌衣曲,其次是红衣,再配以少量黄衣。多年的经验告诉他,每一种曲都有各自用途,三种曲搭配着用,酒的品质会更有保障。

后来看资料,上面说乌衣曲是红曲霉、黑曲霉和酵母共生制成的红曲,黄衣曲是红曲霉、黄曲霉和酵母共生制成的红曲。它们都耐温抗酸,具有比普通红曲更强的糖化发酵力。

用红曲酿造黄酒是闽地独特技艺。因为地缘和血缘的关系,闽派黄酒的影响也扩展到了台湾地区和东南亚各国。这些地方的人公认闽派黄酒有舒筋活血、强身健体的功效,炖蒸补品以及妇女坐月子,都拿它当佐料。红曲也能酿醋,中国四大名醋之一的永春老醋,就是通过红曲酿酒再造醋的。红曲还是一种民间传统食品,是理想的调味品和天然食用色素。福建客家人腌制豆腐乳,会把红曲研成粉末,和着辣椒粉添加进去,色艳喜气有异香。此外,在面食、糕点、糖果、蜜饯等食品的制作中,闽地也经常用到红曲。特别值得一说的是,闽菜里有一类独一无二的红糟菜肴,烹制中少不了红曲酿酒剩下的红糟,什么淡糟香螺片、糟汆海蚌,什么封糟鳗、生醉糟鸡……除了使菜肴色泽艳红,令人胃口大开外,还有去腥解腻、抗菌防腐的奇妙作用。

古时红曲叫丹曲,是一种中药,知道这点的人还真不多。

小吴告诉我,年节应酬多,吃撑了腹胀,煮稀饭时就抓一把红曲扔进去。味道有一点酸,好入口。除了消食,村里有人肚子痛,直接食用,效果也不错。

古代中药典籍里,记载了丹曲具有的功效:跌打损伤时活血通络,食积饱胀时健脾消食,还可应对淤滞腹痛、赤白下痢、产后恶露不净等。

近年来的药理学研究发现,红曲中含有不少对人体有益的物质,比如伽马氨基丁酸、洛伐他汀,它们都是调节血脂、降血压、降胆固醇的天然药物,对心血管病患者有辅助疗效。随着科学家对红曲霉药理作用的认识不断深入,古老的红曲有望成为重要的新药来源。

很难想象,闽地人,特别是闽都人,一旦没有了那红艳艳的青红酒,一旦没有了那红彤彤的酒糟菜肴,他们该如何做年过节呢?又如何祝寿拜祖呢?缺了它,红红火火的日子要黯淡许多哩!

山海之味

打出来的鱼丸

中国东南部的苏浙闽粤台沿海，这些水产富饶之地都有鱼丸这样的食品，做法大同小异，叫法却不尽相同，水丸、鱼圆、鱼蛋、鱼丸等，不一而足。曾经，广州报纸介绍鱼丸，把它夸张成“一不小心落地，弹起来会重新回到桌上”的一种美食，如此思路，和福州下辖县连江的鱼丸故事如出一辙。

连江濒海，素以鱼丸口味地道著称。宴请客人时，你若想强调食材品质好、来路正，便道此乃连江鱼丸，肯定会获得多一份的青睐。

有过这么一个故事，连江海边家家户户打制鱼丸，每个村都说自己的最好，彼此不服气。什么做工精巧，什么口味鲜美，统统靠一边。把鱼丸当乒乓球来拍，就比谁的弹得高，谁的拍得久——因为弹性足和有嚼头正是鱼丸的招牌特征之一。

这个故事的主角一定是实心鱼丸，它比乒乓球大的包馅鱼丸小一圈，还可切成条状热炒或者汆汤。在福州，鱼丸属于汤菜，既上得了宴席，也可以当作点心充饥，算是沿海县市必有的鱼肴食品。

不能确定鱼丸就是福州首创，但福州临海，整城人酷爱海的鲜香，却有人厌倦天天看到鱼的面孔。用鱼肉做外皮的包馅鱼丸，闻鱼香没有鱼腥还不见鱼刺，是“有闲阶级”的一种创新。这种独到的手工制作技艺，在一代又一代人的传承中，其选料之精细、制作之考究被塑造到了极致，最终闻名遐迩，成就了极富地方特色的风味小吃。逢年过节，号称“中国鱼丸之都”的福州，百姓酒席上必有这道“鱼包肉”的菜肴，迄今坊间还有“没有鱼丸不成席”的俗语。

过去，福州办酒席有一习俗叫“夹酒包”，受邀前来祝贺的客人交罢礼金坐下来吃喝，席间要把几样限定的“干货”各自夹进塑料袋，其中少不了鱼丸。那物特制，有小孩拳头大。“夹”回家后，再切成小块煮了配饭，全家都有口福。20世纪80年代末，中国人温饱无忧后，这个习俗才逐渐消失。

父母亲的老家在福州，我也在省城读了四年大学，就地分配工作迄今，记忆里的鱼丸滋味自然丰富。

印象中是初一的暑假，从闽赣边城回福州外婆家度假。一位舅舅为了犒劳我这山猴子，专门带我进城，去了南街的海味馆，踏上空荡荡的二楼一坐，要来两份鱼丸。1975年呀！那可是国营工牌店，敢进来就是真金白银。端上来的青花小碗，清汤上浮着两粒光洁如瓷的丸子，边上漂有翠绿的细碎葱花。忘了当年的味儿，也许还认真寻找过鱼丸上的裂缝，像如今的老外那样，思忖其间的肉馅究竟是如何长出来的。如今打开记忆之门，那调羹撞上碗沿的脆响，依旧能在耳道里回荡起来。

20 世纪 80 年代起头的第二年，我在福州仓山长安山山麓下读大三。那个年代，我们一方面在长身体，另一方面还在为吃饱奋斗，一个月二十八斤的定量粮肯定不够，我三十天轻轻松松能吃掉五十四斤。家里把富余出来的粮票都汇集到了我手里。那时没有“富二代”“官二代”，是学子就必须苦读。隆冬晚上，图书馆十点关门，回到寝室自然饥肠辘辘，通常大家都是把家里带来的炒面粉，用开水冲了加糖拌成面糊填肚子。吃腻了，即便口袋空空，也会感觉宿舍楼下叮叮当当的声音悦耳诱人，那是鱼丸担。也可以用粮票换的，一斤福建省粮票能换回四粒鱼丸，大约两毛钱的样子。如果怀里有全国通用粮票，讨价还价换回五粒也没问题。

冬天晚上，每到这个时辰，“鱼丸弟”总是如期出现。他一手扶扁担，另一只手掌托小瓷碗，拇指压住碗沿上的瓷调羹再不停移动，两瓷碰撞发出脆响，以此招徕顾客。鱼丸担由两个方方正正的木柜组成。一头上边挖个圆孔，底下煤炉探出头来，架上铁锅，煮着热气腾腾的清汤。打开另一头的柜门，里面有打制好的鱼丸、瓷碗、调羹和一桶净水，面上一块横板掏了一溜儿小洞，嵌着白醋瓶、胡椒瓶、味精瓶、盐瓶等，旁边搪瓷碗里装着葱花、芹菜珠。米醋和白胡椒粉是福州鱼丸的两款调味料，加什么，依个人喜好。最早选择它们，恐怕是为了掩盖鱼腥味开胃，时间一久，俨然成了吃鱼丸的标配。当然，也会起到提鲜的作用。

天寒地冻的，记得我是撒了葱花和白胡椒，用牙缸盛了回寝室快快吃了。马上，一身寒气消散，还能赶在10点半统一熄灯前上床。味道口感究竟如何？忘了，肯定没有海味馆的好，但那可是果腹暖心之物，漫漫长夜里可以伴着一觉天明的。

在这个世上，假如你曾经吃过某道菜，不管它名气多大，不管它多么复杂，只要食材摆在面前，多少都可能通过首尾两端去拆解、拼凑和还原。最后，无论菜做得好坏与否，接近不接近原版，总是可以下手去做。但是很难想象，给你一条鱼、一碗番薯粉，你如何捏出能浮在水面上的丸子，况且，还有那美味的猪肉馅又是怎样天衣无缝地塞了进去。

目睹这魔术般的手艺，是在我读高二时的一个冬天。当年，我们家住在闽中地级市的一家国营冷冻厂分配的套房。20世纪70年代末，冰箱还没有进入中国人的生活，作为冷冻厂家属，我们获得了一个无比优越的福利：工厂在冰库靠山处挖了一条防空洞，把冷气接进洞里，家家户户便拥有了一个简陋冰柜。福利还包括限量购买平价海鱼，有马鲛鱼、黄瓜鱼、鲳鱼、海鳗、带鱼、墨鱼等等。

不可理喻的年月呀！天天有鱼吃，不是海边胜似海边。

正是这个时候,连江的大表姐来山区探视父母。才待了两天,大表姐看好客的母亲煎炸炒蒸炖焖,几乎把人间吃鱼手段耗尽,黔驴技穷,便自告奋勇说:“我们来打鱼丸吃吧!”

那可是个久违的好东西,欢呼雀跃的同时,大家已经垂涎欲滴了。

按老家传统,打鱼丸首选鱼味浓、脂肪低、蛋白质含量高的海鳗——后来知道,这是因为脂肪会阻碍蛋白质分子生成网状结构,从而降低鱼丸弹性。小参鲨也不错,刺少肉嫩,做出的品相好。内行人有一说法:“鲨鱼丸细嫩松软,鳗鱼丸脆韧筋翘。”

在厨房里,大表姐把鳗鱼砍头去尾,娴熟地摘除内脏,然后横过刀来,在案板上沿鱼脊椎骨边剖开,取下侧面两片肉。接下来,倾斜菜刀就着纤维纹理,把鱼肉一丝丝刮落下来。大表姐说,连江的鱼丸店铺,砧案上都会垫块生猪皮,刮到最后,不会带起砧板的木屑,剩下的鱼刺还全部钉在肉皮上。

装盆后的碎鱼肉,要捡剔其中的残刺、筋膜和红肉,提高鱼肉的黏度和白净程度。这是我后来看了一些书,分析大表姐打制鱼丸过程补充的旁白。

只见大表姐把碎鱼肉放到洗擦干净的砧板上,用刀背一下下舂成泥糊状。这样能让鱼肉松散,同时保留鱼肉纤维,增加鱼肉弹性。鱼泥放进面盆里,搅成浆状,加清水稀释,再加盐巴和碾成粉末的番薯粉,反复拌匀,然后用手慢慢搅打起来。

许多年以后，我突然明白了福州话“打鱼丸”的含义。打浆是制作鱼丸的核心工序，是鱼丸富于弹性和嚼劲的关键所在。所谓打，就是用手撞击鱼浆，像打蛋花那样，顺一个方向用力。只有经过充分搅打，鱼肉中的蛋白质才能形成黏性溶胶，行话叫“出胶”，反之则做不成鱼丸。这期间，大表姐一次次加水加盐加粉，一遍遍搅打，我们在一旁都看累了。大约四十多分钟，表姐捏了一小块鱼泥，翻覆手掌居然粘着不落下来。拨进盛着清水的面盆里，鱼泥沉了一半最后又浮上了水面。这时大表姐才松了一口气，喜笑颜开道：“这下总算成了。”

此时的面盆里，鱼浆膨松，呈半透明状，含有不少小气泡，表面光滑发亮，有点发酵的样子。另一边，母亲按表姐的要求剁了五花肉泥，再拌入酱油和白糖，已经把馅料准备好了。

大表姐一手抓一把鱼浆，另一手把铝制调羹上的肉馅埋入掌心的鱼浆里。五指收拢一捏，虎口处便鼓出一粒鱼丸。她用调羹托住，再浸入清水，鱼丸浮上水面。

在她的双手伸伸缩缩中，只见清水盆里的水面上浮满了白丸子。这一天，我们一家人都甘愿给大表姐打下手，依她指令行事。这时，锅里的水已经滚开，将鱼丸连同清水一起移入，勺子翻动锅中鱼丸，防止粘锅。只见鱼丸在热水中沉沉浮浮，一粒粒膨大，浮上水面。大表姐还不放心，舀起一粒鱼丸，待稍凉后，用手轻压，看弹性好不变形，这样，鱼丸就算熟透了。

手闲着的人，连忙搬出一摞碗，捞起三四粒鱼丸放进去，再撒上备好的葱花，从另一口锅中舀出熬制已久的鱼头鱼皮鱼骨汤冲入。大家迫不及待端起碗，各居一处埋头大嚼。我过后总结的经验是：除了绿葱花增色，第一碗不应该加任何佐料，专门品原始的鲜味。第二碗和第三碗，依自己喜好，加米醋或白胡椒粉调味，改变汤的性质。到了第四碗，好像就可以打个饱嗝，然后“望丸兴叹”了。

多做的鱼丸，统统用焯瓢捞起，放在铝筛上沥水晾干，等彻底冷却后，放进防空洞的冰柜里去。下一次，想吃多少取多少。

当年，海鳗品质好，肉自然是土猪肉，番薯粉白得也很地道，因为打了自己吃，不惜血本，鱼多粉少，大概是十比二或三的样子，番薯粉只要能增加黏稠度，使鱼浆成形就够了。这样做出来的鱼丸韧而有劲，松紧正好，口感极佳。嚼着鱼丸，弹牙挺实，浓郁鱼香中，还有鲜嫩多汁的肉馅，海鲜里透着山味，荤香丰富却不腻口。这是福州鱼丸嵌在我大脑里的印记，它已然成为一个标杆，衡量着每次吃到嘴里的鱼丸孰好孰劣。

美中不足的是，我在猴急着咬一粒鱼丸时，弹性十足的鱼丸皮挤压肉馅，飚出一股肉汁，毛衣肩膀上登时花掉。大表姐当场反省，是她包得不熟练，肉馅放歪了。据说包得好的人，能通过手指的拿捏，把肉馅调整到最中心位置，做出福州鱼丸另一个特点——皮薄而且均匀。从此我有了经验，吃包馅鱼丸开始一定是小口地来。它的肉馅三分肥七分瘦，必须有肥油，弹韧的鱼丸皮嚼起来才会有细润的口感。所以别看鱼丸外表冷了，里头的油却是滚烫的，大口咬最容易挤喷出来，不小心还会被烫到嘴。

20世纪30年代初，在福州南后街塔巷开张的永和鱼丸店，是有名的中华老字号。其鱼丸的手工制作技艺，入选了福建省非物质文化遗产名录。

许多年以后，在永和鱼丸三坊七巷店里，一位中年师傅捏制鱼丸的手法看得我眼花缭乱，极富表演性。他身边摆着大小三个盆。悬于鱼浆上的左手，握浆于掌，顺势一挤，虎口处探出半个球。右手上的特制圆口调羹挖一勺肉馅埋入，调羹抽出之际，左手拇指随后上滑封口，手掌跟着一捏，拇指与食指上一粒光滑完整的圆球脱颖而出。收紧虎口的同时，调羹舀起成形鱼丸放入大水盆，然后再握浆于掌……整个过程像机器一样几秒钟重来一次，干净利落，一气呵成。据说，此技得培训三年才能熟练如此，一过四十五岁，手脚不够灵活，就学不来这种技艺了。

在制作室里，我看到了店家自制的打浆机，形似电风扇的叶片探入陶钵里的鱼浆。第三代传承人刘先生告诉我，现在切片机、采肉机、打浆机甚至包心鱼丸机都有，店里唯一不可替代的手工技艺就剩下捏丸。整个采访过程中，刘先生都在强调制作材料的配比和时间掌控。

通常的道理是，不新鲜的鱼肉制作不易成形，也缺乏弹性和口感。鱼肉极易腐败变质，打鱼丸时要用碎冰块当水，使鱼浆不易变质。还有加盐，它促使鱼肉里的盐溶性蛋白充分溶出，连接成紧密的网状结构，形成富有弹性的凝胶体。

鱼肉、盐巴和碎冰块，三者比例很重要，盐巴、碎冰块什么时候加，加多少，分几次加，鱼的种类不同，鱼肉的蛋白质也不尽相同，所有都是变数。

这里还有一些经验和秘诀，有的向来凭感觉，只可意会不可言传，有的属于制作秘密的，压根就不得外泄。

离开永和鱼丸店前，我要了一碗直接从热锅里出来尚未经过冷却的鱼丸，那滋味那口感，地道极了。撒胡椒粉时，刘先生在一旁解释，这白胡椒是他们自己进的货，再加工成粉末。市面上有用花生壳碾碎做填充物的。总之，所有原料必须自己控制。我惊讶于如此不起眼的东西也有人去造假，刘先生笑了，想色泽洁白加增白剂，想弹得高加硼砂，还有脆丸素、高弹素、鱼香精、肉味素、抗氧化剂……

中国人怎么啦！食不厌精，脍不厌细。老祖宗创造出称雄世界的中华美食，进入工业化的制成品时代，在服务日趋精细化的今天，所有细节都必须被替代吗？为了正宗地道、无损于身体的美食，大家都必须回到源头，自己动手？

谁知道，那个时候亲手捕捉到的鳗鱼，会不会像专家警告的那样，已经成为一种在现代海洋污染环境里由无数塑料微粒填充起来的海产品呢？

传奇：酒坛里山交海汇

近三十种山珍海味码入酒坛，封上盖再文火煨四五个小时，揭开荷叶时，奇香袭人，眼前仿佛就是农历八月的钱塘江大潮，一波波排闼而来。循此荤香，曾经，斩断尘缘的高僧垂涎难当，抛弃多年的佛门修行，急急翻墙来享受这凡俗至味……

在中国八大菜系里，能演绎出如此精彩的情形，本身就是一幕舌尖传奇。

菜肴名叫佛跳墙，是闽都地区集山海之味大全的传统名菜，被烹饪界公推为闽菜头牌。它俨然一支"纲举目张"的伞柄，从撑开伞骨那一天起，就庇护了闽菜的一方天地。

闽菜里的煨菜屈指可数，佛跳墙汤色如茶的煨汁，是一个无法回避的存在。在以淡爽清鲜为主体的背景下，这道菜算得上是一声奇崛的孤响。倘若把闽菜比成灵动飘逸的水墨小品，那么，佛跳墙便是重彩而又内敛的漆画，少了一瞥惊鸿的悸动，却有让人坐怀不乱的厚实，力透尘封的历史。

佛跳墙曾经获得国家商业部系统优质产品“金鼎奖”，被中国烹饪协会授予“中国名宴”称号，进而跻身钓鱼台国宴名菜。佛跳墙面见过柬埔寨国王西哈努克、美国总统里根、英国女王伊丽莎白等国家元首。如今，作为闽都传统手工技艺，它已经被列入国家非物质文化遗产名录。

也可以这么说，佛跳墙是闽菜脱颖而生的初始胚胎。

据百年名菜馆聚春园的老厨师们回忆，大约在19世纪70年代，光绪年间，有官员宴请酷爱美食的闽都按察使，为了新奇出彩，他让绍兴籍内眷主厨。内眷别出心裁，把几种畜禽肉和水发海产品装入绍兴酒坛煨制成菜，按察使品后赞不绝口。其后，按察使的衙厨郑春发学会烹制这道叫“福寿全”的菜肴，并加以调整改进，以猪蹄、羊肘垫底，依次放进猪肚尖、鸡鸭肉、猪尾骨、香菇、冬笋、目鱼，上覆鱼翅、鲍鱼、海参、广肚、干贝等水陆八珍，再加入桂皮、茴香、老姜、八角等香料，兑以骨汤及绍兴酒提鲜增香，荷叶密封后，于炭火上慢慢煨制，使其荤香醇厚。后来，成为闽都菜式开山鼻祖的郑春发入股三友斋菜馆。有那么一天，一群文人墨客于三友斋聚会，郑春发便把刚改进创制的“福寿全”端上桌。坛盖启，荷叶开，扑面而来的荤香里裹挟着丝丝缕缕的酒香，举座击节，有人脱口吟出“坛启荤香飘四邻，佛闻弃禅跳墙来”的诗句，佛跳墙就此出名。进入20世纪，在菜馆和手工业作坊聚集的闽都东街口，当郑春发把三友斋改成独家经营的聚春园时，佛跳墙的美名已经传遍闽都街巷。

有人开玩笑说，作为闽人，论吃茶，岂能没品过原产地的青茶、红茶和白茶？身为闽都人，手往口袋里摸一摸，岂能没有一块哪怕小小的寿山灵石？佛跳墙嘛，知道就好，那道菜不是每个人都有条件有心情好好吃上一回的。

20世纪90年代过后，中国人的吃喝逐渐丰富了起来，闽地的酒席上经常端出坛烧八味这道菜。坛里有色彩浓重的鸡鸭块、鸭肫、猪肚、猪蹄尖、水发目鱼、干贝、香菇等，最上面少不了一撮人造鱼翅，一根根亮晶晶的。大家象形类比，戏称其为“山东粉丝”。后来，有人接受不了浓重酒味，有人惧怕高胆固醇，而这坛烧八味也不属于河豚那样的人间至味，值得押上身家性命痛快一吃，便渐渐少见了。

很多闽都人都懵懵懂懂地将坛烧八味和佛跳墙画等号。其实，坛烧八味只是佛跳墙的一种雏形，说白了就像佛跳墙乡下拐弯抹角的穷亲戚，而且还不同宗，撑死了是远房表亲之类。

一百多年来，佛跳墙犹如《圣经》的文字那样，累积了一代又一代人的智慧。在选材、预制、煨制沿袭传统的同时，多少民间巧手一遍遍调整食材比例，修正方法，与时俱进，在不同时代的口味和饮食习惯中找到平衡点。高档海产品食材一次次的加盟，使得佛跳墙成为紧跟时代变化最成功的传统菜肴，经久不衰，始终稳坐闽菜头把交椅。

佛跳墙制作工艺繁复，富含营养，价格不菲，不仅在于选材高端，还在于做工耗时费神，没有充裕的时间炮制不出来。你心血来潮狠狠心欲吃时，没有。挨到七八天后，往往又失了勃勃兴致。

通过长期对比，人们对于佛跳墙的食材在品种、地域和体态上各有要求，或形色好，或口感佳，或无腥味异味。天下食材众多，以何为佳，以何为次？大浪淘沙，汇集无以计数的成功和失败经验后，时下的选择是：日本关东刺参、南美金钩鱼翅、越南深海鳊肚、大洋洲干鲍、日本瑶柱、农家猪蹄与鸡鸭、特级花菇、陈年绍兴花雕酒……

脱水后的菌类、海味干货，吸收了太阳能量，当它们被水或油慢慢从深睡中唤醒，仿佛涅槃了一个轮回，新的生命呈现出另一番灿烂。这是由于在干燥过程中，原有的内含物质被大量转化为呈味的氨基酸、鸟苷酸、肌苷酸等，鲜味元素成倍增加。相比之下，鲜货的味道反倒逊色了。

备好的食材，根据各自不同属性进行处理。干鲍、鱼翅要提前七八天用温水泡发。海参也得在清水里待上两三天时间，泡软，去除内脏，然后在水里煮，水滚转小火再煮三十分钟，关火焖至水凉，用清水继续泡两天。鳊肚清水泡发五六小时后，再焯一遍水。花菇用七十度左右的热水泡发，能使其口感细嫩。所有海货必须用含有姜片的清水一遍遍泡发，循序渐进，不厌其烦，除腥味的同时不破坏食材结构，使之劲道有型。个别还需要油发，譬如猪蹄筋，吸饱冷油后文火里继续泡，等蹄筋膨胀变粗捞出，转大火，热油里炸到金黄，再移至清水锅，文火煮上十来分钟，关火焖发五小时，之后换水重来一遍。唯其如此，方能把蹄筋泡发得白胖柔软无硬芯。

佛跳墙既然是集闽菜之大成，当然少不了精湛刀工。根据一辈辈师徒的言传身教，把握各种肉质和部位收缩的差异，切成或大或小、煮后均为方方正正的“麻将块”，一口或者两口的大小，方便食用。然后，鸭肉、鸡爪、猪蹄尖、猪尾骨等，要加酱油、冰糖、黄酒、奶汤及八角、五香等多种香料，提前两天慢工煨制出胶质底汤。

近三十种山珍海味交汇于一坛，剩下的并非时间的简单叠加。烹制上如果不按照一定招数去做，杂芜油腻是无法避免的。火力如何调节？水量如何控制？各个层级的鲜味元素混搭在一起，异香交融，还要不失各自生性，你中有我，我中有你。东方的烹饪密码也许便在于此：厨师对整个过程的掌控，从来不靠书面的标准答案，像呵护一个新生命那样，就是集一代又一代人的口耳相传，一心专用。

曾经，这众多食材也有过一起入坛的时候，鱼翅腥味遮住了鸡鸭味道，目鱼鲜香又盖过了鱼翅。海参惧油，和猪蹄一起煨，最后蚀化找不着形。鱼翅、鳊肚遇盐收缩变形，口感骤降。改进后的制法是各自为政，依照食材属性的不同，近三十种原料与辅料通过煎、炒、烹、炸、烧、煲、煸等烹调手法，以最合适的火候，分别上色和熬制底汤，炮制成各种口味。食材的制作被安排到距离煨熟倒数四五个小时的各个节点上。尔后，一切从零开始。

所有食材按秩序一层层码放于特制的坛子里。坛底先搁片竹箅，将对半剖开的猪蹄尖带骨朝底垫一圈过去，再放进猪肚尖、目鱼、鸽蛋、冬笋及花菇等。禽畜肉这些粗饱油腻之物，通过预先慢工煨制，其滋味已经融化到底汤里，汤汁过滤后兑入，盖过食材，再注入适量陈年绍兴花雕酒。花雕酒为半干型黄酒，口味香醇，久煨食材，处高温而不变酸变涩，特别适合调制底汤。坛子置于炉上，武火烧沸后，火势由旺转弱，顺其自然文火慢煨一小时，再把竹箅夹起来的鱼翅和纱布包着的瑶柱、鲍鱼等易散失的高档海味添加入坛，以荷叶封严坛口，并倒扣上盖子。接着细火煨上两个小时，启封，最后将刺参、蹄筋、鱼唇、鳊肚、裙边放进坛里，再次封坛，细火煨上一个小时，终于大功告成。这样的时候，时间和火苗俨然一对杰出的雕塑家，它们的联手，成就了天下珍馐美味。

特制坛子从酒坛变化而来，腹大口小，不易散热，大火烧滚，小火慢煨，只需微小火苗就能保持坛子里天翻地覆的山交海汇，食材貌似静止不动，汤汁穿针引线，合纵连横，最终进入海纳百川的境界，天下一统。

煨佛跳墙讲究储香保味，整个煨制过程尽量不让香气溢出。煨成开坛，掀开荷叶，酒香与各种食材香气交织，让人口舌生津，想入非非。

传统上菜方式，佛跳墙是用一把小推车推出大坛，厨师当众开坛，把包扎着的高档海鲜一一打开，与作为辅料的鸡块、猪蹄尖、猪尾骨等禽畜肉统统倒出，俨然一盆大杂烩。

憨厚实在呀！当场闻到全部浓香，当场一件件验明正身。可是，场面有碍观瞻。20世纪80年代，闽都聚春园的闽菜大师们改进上菜方式，在后厨启封大坛，将煨好的高档食材取出，依序码入拳头大的小坛，灌入原汁，盖上盅盖，再上笼蒸沸后上桌。如此，既取其精华，保留了佛跳墙原味，又避免了高档食材和辅料的鱼龙杂混，还有上菜时的不雅。这些都为佛跳墙后来被端上国宴铺平了道路。

一味就菜论菜，流于纸上谈兵。美食，要的是身心感受。没有淡，哪来浓？没有甜，哪来苦？没有鲜，哪来涩？……优秀的厨师总是精于把握各种味道的二律背反。一百多年前，已经有食家提出佛跳墙过于荤腻，于是一代名厨郑春发改进菜式：主菜上桌时，跟上八碟小菜、两道点心、一道甜汤和应时水果，组成佛跳墙席，原料上荤素搭配，口味上有酸有甜，佐食解腻，还尽显闽都菜特色。

2002年第十二届“中国厨师节”上，聚春园烹制的佛跳墙席被中国烹饪协会授予“中国名宴”称号。这道佛跳墙席也仅是在传承百年前的经典之上，立足闽菜特色，依据时代变迁、食客喜好，稍做了一些修正和丰富。下面是照抄的菜单。

主菜：佛跳墙。冷盘：三丝拌糟鸡、青榄醉蟹生、芽心酥干贝、琥珀核桃仁、封糟鳗鱼片、白汁烧笋尖。热菜：串葱排骨、珠帘鲈鱼、白蜜黄螺珠、蟳肉鸳鸯菜、龙身凤尾虾、灵芝恋玉蝉。点心：芝麻烧饼、银丝卷。甜品：冰糖燕菜。

一盅汤汁倾倒众生。佛跳墙在遵循传统烹调方法的前捍下,有人添了这样,有人减了那样,食材品种和品牌有多寡及高低的出入,横直是以汤为主的高端煨菜。还有人不囿于传统,大胆变革,在汤底不变的情况下加入菌类,开发出真菌佛跳墙;或者主料不变,不用猪蹄鸡爪,改浓汤勾兑为久炖吊清的鲜汤,煨出的刺参金黄,鱼翅脆嫩,鲍鱼筋道;或者降低黄酒比例,使汤汁更清更滑。

品过佛跳墙的行家说,首先食材要剔透有光泽,其次汤汁要丰盈有胶质,最后食材入口要软嫩滑润,味道丰厚而有层次感。就像老物件一样,没有丝毫火气,外表包有一层浆。还有各种流传于世的版本:荤香醇厚,厚而不腻,酒香扑鼻,汤稠色褐,酥软味腴,软而不烂,味中有味,让人满嘴生津……

面对这样的饕餮大餐,我个人的感觉是这样。首先屏息回想它的色香味,慢慢地,慵懒的大海苏醒过来,口腔里开始波澜壮阔。苍茫瀚海,蓝得发黑,恍惚间,食者立于岩礁上,已然变身为交响乐队指挥,拇指和食指捏着一支小金属棍。眼前流淌着饱满、厚实的各种弦音,大提琴响起,那是浓稠胶质底汤的醇厚荤味;其间牙齿咬上脆爽的冬笋,小提琴悠扬而起;海风中,钢琴奏出的音响,俨然浪涌间一道道水花幻化明灭,那是大海里无处不在的鲜香;指挥棍往正前方一挥,定音鼓骤响,目鱼富有金属质感的味道兀然升起;指挥棍再往右前方一勾,长号跟着悠悠地响彻起来,还带起了瑶柱的鲜甜;随后,双簧管的声音幽幽地出现了,海味愈行愈远,消失在食道尽头,很快,单簧管带上来的却是袅袅的酒香……

无论眼鼻口舌心的感觉有多么醉人,有多么超凡脱俗,这样的华丽现场无须迷恋,喝上两盏茉莉花茶,放松味蕾,清口离席,画上句号。重新找一处清净之地,把千头万绪的感受转化成无穷无尽的回味。

酒香里的中国红

20世纪进入80年代的时候，一年一度的春节供应开始逐渐丰富起来。那时，冰箱还是奢侈品，难得进入寻常人家。备好的鸡鸭鱼肉等一干年货，要分配到一整个正月期间食用，除了趁鲜现吃一些外，盐腌的盐腌，晒干的晒干，卤的卤，炸的炸……家家户户都在为储存食物伤脑筋费心思哩。

闽都人多出一种手段：红糟腌制。

每到这个时节，我那位“站过鼎”（意为掌过勺的乡厨）的舅舅往往救兵似的被母亲请到家里。他从来都是不慌不忙套上围裙，把洗净沥干水的海鳗、黄瓜鱼切段的切段，切块的切块，有时也杂有淡水草鱼，统统用高粱酒、粗盐腌渍起来。忙完这些，才腾出手，开启家里去年榨酒后腌存酒糟的坛子，扒开表面一层氧化变黑的酒糟，舀出红彤彤的几大勺搁面盆里，再添加白糖、盐、黄酒、生姜末、五香粉等调料，反复搅匀。其实，散装红糟楼下的小店铺常年有货，只是自家的用料纯正，储存时间心里也有底——陈年红糟酒精味淡，不酸且糟香浓郁。做完这些，舅舅会忙里偷闲抽支烟，这时鱼肉也腌渍了有一个多小时了。逐一捏挤掉水分，把敞口碗钵用滚水烫过，在底下铺一层调制好的红糟，摆上一层鱼，再铺一层红糟，再摆一层鱼，最后用红糟封齐封密，让味道吃进鱼肉里。完了，上面还得压重物，把多余的水分压掉，再盖严实，才万事大吉。

十天半月后，餐桌上缺菜了或者嘴馋了，便揭开碗钵盖子，用竹箸拨开红糟，夹出几块糟鱼进锅蒸，此时的糟香已经渗透到鱼肉纤维里，咬开雪白的鱼肉，或结块或成丝状，结实有物。味蕾留存的记忆很爽：正月里荤腻了嘴，糟鱼下饭，咸香开胃，那是我们的最爱。

当年跟在舅舅身旁为他打下手，得了几条经验之谈：先用盐腌不单是调味，关键要把鱼肉里的水分逼出来；一定要加高粱酒，除了酒香，还能强化脱水，使鱼肉紧实；鳗鱼块要切成长条，吃时方便剔除鱼刺。

二十多年后，我吃到一道传统闽菜封糟鳗鱼，与我舅舅的制作方法基本雷同。店家的鳗鱼取中段，事先剔净骨刺，高粱酒换成了花雕，酒味没那么呛，咸味也没那么重。蒸熟后放凉切片，再封上保鲜膜置冰箱冷藏，成为一道随时可以上桌的开胃下酒凉菜。店家的封糟鳗鱼，视觉上更讲究陈年酒糟的红艳，剥除多余的、氧化变黑的粗糟，只留周遭薄薄、艳艳的一圈，与切片鱼肉的白润相映养眼。而口感清爽、质地鲜嫩、糟香馥郁，则大致是一致的。

我揣摩了很久，以为糟香是一种层次丰富的复合型香味。酿酒过程中，糯米糖化发酵生成了很多醇类、酸类、脂类物质，糟香不是单一的酒味就能代替的，应该比酒香更丰厚多元。它那种特殊的气味纠缠着米香、曲香、糟香，没有酒那么烈，那么尖锐，醇厚是它的主基调。

在闽都福州，红糟做菜已然成为这座城市的味觉密码，寻常人家都能手到擒来。炒田螺、炒蟟囝（一种河蚬）、炒蕨菜、炒鲜笋这些家常菜，断然少不了先把一撮红糟在热油里爆出香来。这样的菜式，塑造了闽都这座城市的气质。

纵观八大菜系，红糟入馔，具有浓郁的地域色彩，闽菜独一家，既是闽菜区别于其他菜系一个独特之处，也是识别闽菜的标记之一。

闽菜里的红糟菜肇始于坊间，并始制于正月，这个时节是农耕社会的中国人辛劳一整年后犒劳自己的日子。有人开玩笑说，吃饭是为了肉体，喝酒是为了灵魂。这话有深意。酒成了农闲的写意生活，酿酒升格为正月里的必备。红曲米酿酒技艺是中原衣冠士族南迁入闽时带来的，它成就了独树一帜的红曲稻米黄酒，以至于作为酒渣的红糟都根正苗红：色艳、香浓、味醇。正月里，农闲时的中国人忙于吃喝，这时收获和集中的食材最多，储存成了大问题。榨酒后的余渣弃之可惜，有人试着用之腌渍鲜鱼鲜肉，发现不仅能保鲜防腐，还能辟腥解腻，此外，红彤彤的颜色喜气洋洋，人见人爱，是纯天然的食品染色剂，也与一年之首的新春开门红氛围相呼应。

后来，经过以“掌勺站鼎”为业的乡厨不断修饰、调整和丰富，变废为宝，红糟成为烹饪闽菜时提味、增香、着色的专属调味品。就闽菜而言，红糟便是粤菜里无可替代的蚝油。闽派红曲稻米黄酒有一千多年的酿造历史，产自福建的红糟色艳，香浓而味醇。

红糟有了生糟、熟糟与粗糟、细糟之分，那是 20 世纪 80 年代以后的事情。封糟鳗鱼用的就是传统生糟，它含有糯米粒，显得粗糙，因为密封收藏，基本没氧化，故糟纯色艳，异香浓烈。在砧板上用刀侧将生糟碾压再剁细，把采出的细糟与姜米入油锅煸香，添加白糖、白酱油、清汤炒熟，中和掉生糟里的酵母味和酸味，使之变得柔顺可口，这就成了熟糟。熟糟事先制作好，就像调味品一样，随取随用。

许多年以后，我的面前摆放着一盘闽菜里著名的刀工菜——一盘热气氤氲、色彩炫丽的淡糟螺片。

洁白瓷盘上，切得整整齐齐的西芹焯水后铺了一圈底，其上窝着一团螺片，超薄的螺片挂着淡淡胭脂红，白里晕红，红里透白，因为刚出锅，细看，螺片上挂着的红色还在热气里变幻，一副晶莹剔透的样子。受热后的螺片边缘自然卷曲，舒展如花瓣。眼前的情形应了一句古语：秀色可餐。

淡糟螺片是闽菜里的经典菜肴，之所以淡糟，那是因为酒糟只负责上色除腥，用量适度，绝不抢一丝螺生的鲜味，喧宾夺主。传统上，这道菜叫淡糟香螺片。香螺原本生长于福建长乐一带沿海，后来被吃成珍稀，如今几乎绝迹，再用原名已名不符实。现在都是用稍次一等的红螺替代，也是价格不菲。若没有对比，很难吃出它们之间的微小差异来。这道菜用的糟比细糟还要讲究，那是剁细后兑鸡汤，再用纱布滤压出来的红糟汁。

在闽都聚春园，与烹饪大师杨伟华聊尽兴后，我还到后厨目睹了他烹制这道名菜。

红螺六七两左右重的样子，敲破螺壳取出肉，摘掉尾部，刷去螺头黑垢，用番薯粉反复搓揉，一直到把它的黏液全部吸附掉，最后冲洗干净才罢手。

大凡海螺腥味都重，特别是它周身裹着的黏液。这让我想起一件旧事。20 世纪 60 年代自然灾害那几年，我的一位大学同学正在读初中，他来自海岛县，山里人“瓜菜代”的年代，他们家却是“海货代”。家里常常喝不上地瓜粥，早餐只好煮一只瓷实的香螺，取肉蘸盐巴充饥。每到这种时候，他总是非常自卑，不敢和同学说话，唯恐满嘴腥味暴露家贫，遭人家嫌弃。以今天的眼界来看，他的行为无疑是暴殄天物。世事变迁，价值观迥然相异，让人感喟良多。

然后，杨大师片去螺头深褐色硬皮，选中间质地一致的，用刀侧拍实削正，感觉像方方正正的豆干块。接下来，他施以蝴蝶刀法，雪白的螺片比一毫米还薄，压在瓷盘上，背后图案还能若隐若现。他告诉我，平片操作时，手指按压力道必须均匀适中，过头了会留下指纹，螺片上显出凹凸来。片得厚薄一致，是为了受热均匀。太厚不易炒熟，太薄没嚼头，易老不脆。

这样的做法，很有点增一分则太长、减一分则太短的锱铢必较。

淡糟螺片成为闽菜里著名的刀工菜，得益于宣传的锦上添花。闽菜大师强木根精于刀工，擅长烹炒淡糟螺片。有一回，他被请去电视台表演，蒙上双眼操刀，把一颗红枣大小的黄螺肉，通过熟能生巧的滚刀法，转眼片成七八厘米的薄螺片。这一精湛刀工，被人们误以为是制作淡糟螺片必备技艺。此后，这道菜肴的名声更是大噪。

生姜切片，葱白斜切成马蹄状，再将片好的螺片用绍酒稍抓去腥，进而丰富口感上的层次。此时，一锅清水已滚沸，凭经验加进一小碗冷水，把水温准确地控制在七十度上下，倒入螺片，汆至接近断生，捞起沥水。

炒锅置旺火上——因为铁锅传导热量，火爆油温会使食材立马凝固——热锅温油时，生姜、葱先下锅，煸出香味，随即倒入红糟汁、白糖、盐、黄酒、芝麻油、湿淀粉调好的卤汁，烧开芡汁，再放入汆好的螺片，迅即颠炒七八下，让螺片挂上糟汁，除腥的同时保留鲜度脆感。这旺火里急炒的火候，掌握起来还真非一日之功。螺片极易炒老炒硬，时间多几秒，就柴，就成牛皮筋，会累坏食客的齿舌。

淡糟螺片获得中外食客一致喝彩，除了选料稀奇珍贵，还有菜色和外形亦佳。薄薄螺片吃起来香脆清爽，肉嫩味鲜，淡淡的酒意里，螺片的鲜活被彰显出来，恍惚间还渗出一丝回甘。

闽厨们已经发现酒糟的胭脂红和白色搭配起来，特别让人赏心悦目，进而影响到味蕾，令人食欲大振。

生醉糟鸡是闽都人喜爱的一道传统名菜，正月里必上。做法上如今已有不少改进，譬如将生糟剁细，使之没有粗陋的米渣，化腐朽为神奇；譬如将微火煮到七分熟的小母鸡，置入冰块中，骤冷使其肉质收紧脆爽。接下来照旧是传统做法，剁下四肢和头，再对剖切成四块，逐个蘸白酒泡姜丝的汤汁，并密封腌制一两个小时。生糟膏和入鸡汤，与黄酒、姜末、五香粉、白糖、盐、麻油调匀，鸡块再逐一沾染，继续密封腌制两三个小时。最后，将鸡块切成柳条片，拼上头、腿、翅，摆出鸡形。正宗地道的生醉糟鸡，耗时耗功，想一饱口福，提前一两天预订是肯定的。

这道冷盘菜色泽红艳，未粘到生糟的剖面则呈浅鹅黄色，眼观时胃口已大开。吃在嘴里，肉滑皮脆，入色入味。白酒和生糟的复合腌制，放大了“醉”的烹调手法。酒香、糟香交织纠缠，激发出藏匿于鸡肉里的鲜美，在醉鸡的味觉诱导下，抵达人亦醉的境界。这奇妙的味道，让人心里的幸福感犹如早春萌芽的嫩芽。

20世纪改革开放后，海外华侨纷纷回乡寻根探亲，他们吃到改进后的生醉糟鸡，有人为其迷人的滋味陶醉，一时诗兴飘扬：“只闻糟香不见糟，闻到糟香思故乡。”大有世上的珍馐美馔也不抵眼前这一盘红糟醉鸡的感喟。这显然是对新版闽菜的一种褒扬，糟香已然成为识别故乡的记忆密码。

煎糟石鳞腿也是类似的菜肴。石鳞就是福建特产棘胸蛙，它属于一种山珍，如今已有少量人工养殖上市。这道菜的做法是取石鳞腿去皮，片开大腿肉，剔除骨头，再片开中腿翻出肉，露出中腿骨并保留。用红糟汁、黄酒、姜米、盐抓匀，腌渍三十分钟后，滗净汁液，沾上湿番薯粉。下油锅炸至金黄色捞出，使之卷缩呈花朵状。然后在留有余油的锅里，下蒜末葱米煸香，加白糖、五香粉、芝麻油、盐调成的勾芡汁，再倒入石鳞腿，翻炒均匀出锅。成菜舒展如花朵，糟红肉白，外香里鲜，滋味甘醇。

闽菜里的红糟风味菜肴还有很多：淡糟竹蛏、淡糟炒瓜块、糟汁汆海蚌、煎糟鳗鱼、熘糟鱼卷、炝糟五花肉、爆糟鸭、拉糟排骨、灯糟羊腩、炣糟冬笋尖……道道风味不同。

一流的闽菜大师可以根据食材和菜肴的需要，选择匹配的红糟作为配料，生糟、熟糟、淡糟、浓糟，有时则仅用浅浅的糟汁。红糟烹调，手法众多：拉糟、炝糟、煎糟、爆糟、醉糟、灯糟、炣糟……妙用红糟能使菜肴发生微妙的变化，变出多味。

今天国际一体化的快节奏中，传统边界被模糊了，在闽菜系统里，“灯”“炣”这样的字眼几近消失，炒、爆、煎等烹调手法也渐渐趋于雷同，而新的内涵正悄然添加进来。

前不久，在闽地宣和苑吃过一道炸糟瓜，值得一说，它明显带有传统红糟菜煎糟鳗鱼的印痕。宣和苑是一家老牌精工闽菜馆，在传承传统闽菜上不乏创新。它强调食材地道正宗、应时应季，在美食的第一道链条上下足功夫。肉腴虾米、厚皮鱼唇、陈年红糟……这些上佳食材使其菜品有别于他处。

入菜的瓜鱼，是闽东三都澳模仿深海环境网箱养殖成功的，肉质和风味都接近野生。红糟选用三年陈酿，色艳味醇。这道菜是这样做成的：取一斤多的瓜鱼，刮鳞去肚洗净沥干后，砍下头和尾，去骨取肉，切成约两指宽，条状，下少许虾油浅腌，然后在姜末、黄酒调成的红糟汁中抓匀入味，裹上番薯粉，入锅油烹，捞出沥干后，再复炸一遍，令其外表更加酥脆，装盘拼上首尾，在白盘上摆出鱼形。高温抑制了鱼肉中汁液流失，把肉汁和糟香封在其中，锁住鲜味。入嘴香酥脆嫩，鱼肉有嚼头，特别是那久违的蒜瓣肉，实在令人念念不忘。

以当下的眼光来看，红糟菜除了秀色可餐，无疑还是一种养生菜。古代药典里已经记载了红曲的功效，包括消食、活血、健脾、益胃等等；现代药理学研究也发现，红曲中还含有不少对人体有益的活性物质。

别具一格的闽都红糟菜，显然拥有继续红彤彤下去的质地，红遍中国，红向世界。

打开胃口的滋味

长时间没下厨，手艺生疏，掌控调料失控。周末端上饭桌的菜不是咸了便是辣了，在女儿的抱怨声里，狼狈回鼎。咸的加糖，辣的添醋，让两强针锋相对，彼此削去一个最高分。热锅里搅拌均匀再端出来，一场餐桌危机公关勉强敷衍了过去。

不知道，已经把化学知识全部还给中学老师的我，是怎么搞掂这种化学反应的。也许是身上流淌着闽都人的血液，近朱者赤，被这座城市耳濡目染了四十多年。

的确，闽都菜口味偏甜偏酸偏淡，一概轻飘飘软绵绵的，娘娘腔十足，被外人贬称为“酸酸甜甜”。印象里，似乎只有咸重辣猛才能孔武有力，塑造出铮铮男子汉。但静夜修书别妻的闽都人林觉民，吃了一生酸甜菜，舍身冲向总督衙门时，不也血气方刚、顶天立地吗？谁敢否认，这种开胃生津、增进食欲的酸甜，不是蛰伏于寻常日子的一种滋味，危难时刻方露狼性底色？

20世纪80年代，父母亲在郊区的亲戚朋友，逢年节都会送来自养的土鸡。我们在家里宰杀、处理清楚后，肝、脾、心洗去血污，肠、胗用粗盐反复搓洗，一副鸡内脏和一块煮熟的血静置一旁，专等舅舅来炒鸡下水。

舅舅年轻时学做厨，站过鼎掌过勺当过乡厨，是见识过场面的人。他操起我们家的菜刀，摇摇头，让我找出磨刀石，在上面双面都磨了一通，才开始在砧板上把血切块，心切片。磨刀的意义主要体现于鸡胗。剞上米粒大的细格花刀，只见他动作娴熟，下刀迅速而有节奏，刀刀深切，底部仅留一分厚度相连，然后再切成块。在铁鼎的滚水里，先下胗、心，再肝、肠，最后是血，七八成熟后焯起控水。改刀后的鸡胗，像竖着长长的软刺，转眼间变成了绒球。接着，舅舅用冷开水调番薯粉，加入虾油、米醋、白糖、黄酒、胡椒粉，手指拌匀卤汁后，飞速往舌尖一沾，又补了一调羹白糖。如今每想起这事还偷着乐，一个小动作便暴露了他站鼎乡厨的本色。

然后，在鼎里下油，大约七八成热时，把姜片、蒜头、青蒜、芹菜段、切丝的水发香菇入油鼎煸香，舀一勺炖着的鸡汤浇进去稍焖。不一会儿，开盖倒入卤汁，铁勺推匀，旋即下水全进锅，旺火快炒，十几秒后铁鼎离开炉火，装盘出菜。

舅舅告诉我，酸甜味的菜必须爆炒，旺火热锅速成，图的就是一个鲜嫩脆，千万不能等熟透才起鼎，手脚一慢，锅里的东西不是老了就是柴了。蒜头、生姜、黄酒、米醋、胡椒粉这些调味一个都不能少，去腥膻除异味，杀菌消毒，增加口感，全仰仗它们。

这道家常菜，味鲜质脆，酸甜可口。尽管舅舅手把手演示了多回，然而一旦自己动手做出来，酸甜味道总是欠火候，远不如舅舅的来得柔顺适口。

前些年，母亲身体、精力都还不错的时候，遇着年节这等特殊日子，除了自己动手包扁肉燕，还有一盘菜也不会落下，那就是传统闽菜——荔枝肉。母亲的荔枝肉好像是这样做的：猪肋排肉和土豆块用湿番薯粉挂糊，入锅油炸，控油后浇入蒜米、葱珠、酱油、米醋、白糖调成的料汁，盖上碗盖，双手端着上下颠摇，让肉块与拌料拌汁充分接触，吸足味道，再焖盖腌渍入味，十分钟后便可食用。热炸与凉醉，这种做法新奇吧！此物外酥里嫩，酸甜爽口。

很多年以后我才知道，老妈和很多闽都人一样，把荔枝肉与醉排骨混为一谈了。在偌大个中国，醉排骨从南到北都不缺，耳熟能详，而荔枝肉却烙着闽都菜的特有印记，那是酸甜口味的经典，闽都独一份。

“一骑红尘妃子笑，无人知是荔枝来。”唐代诗人杜牧一句千古名句，搞得荔枝这种水果尽人皆知，不知它是不是因此登上了“水果之王”的宝座。地处亚热带的闽都盛产荔枝，其果肉甜酸可口。荔枝肉这道菜品就是仿其色、形、味来制作的。首先色如荔，用的是酿制闽派黄酒的红曲粉，把肉片染成深红色；其次形如荔，肉片剞十字花刀，再包裹马蹄炸成荔枝形状；最后味如荔，芡汁甜中带酸，口感爽脆。

为了搞清楚这个问题，我专程到主推精工闽都菜的宣和苑后厨，目睹了厨师的现场操作过程。这才知道，闽都菜以刀工精湛著称，其中的“剞花如荔”，便是以这道菜品举的例子。

猪里脊肉切成稍厚片，剞上十字花刀，再切成斜形块。这剞刀的深度、宽度都得均匀一致，只有恰如其分了，肉片前后受热面积不一致，入油鼎后才会自然卷曲成圆锥形。然后用番薯粉和红曲粉抓匀，裹至肉片干燥，便于炸得酥脆。把切成竹箸头大小的马蹄包卷于斜形肉块中，下沸油锅里炸成头大尾小的荔枝形状，八成熟时，剞花刀一面便似粗砺的果衣，捞起控油。热锅里留余油，下蒜米、葱白煸炒，出香后再加芡汁烧沸，随即倒入沥干油的荔枝肉，翻炒几下，包裹上酸甜芡汁，一盘红荔枝如在目前。

闽菜大师杨伟华曾经告诉我，荔枝肉的地道做法中，辅料非马蹄不可。马蹄质地清脆多汁，与猪肉形成齿感差异，外酥里脆，那种感觉非常奇妙，不似荔枝胜似荔枝。这道菜，闽都家庭主妇都拿得出手，但向来巧厨难做酸甜，这是很考验厨师基本功的一道菜。调制芡汁最为关键，酸甜滋味要可口和谐，你中有我我中有你，无论哪个稍有失衡，便将砸锅。闽都人一般选择地产黄米醋，它绵柔顺口，没有陈醋的酷和白醋的呛，便于调出大家都容易接受的那种酸甜味。

现在，闽都的一些菜馆为了强调菜品地道，菜单上会专门写着夹心荔枝肉，这地道的古早味，深得怀有复古情结的食客追捧。其实，一道菜肴成为经典之后，已经具有高度的认知度和识别度，即便不讲究剞花包馅和上色，荔枝肉也已经被广为认可。进入家庭的菜肴，从来都没有那么多的繁文缛节，也没必要费时间耗精力去讲究形色，只要用同一种方式烹制成的肉块圆润脆爽、甜酸适口，便没有了分明界线，笼统都叫荔枝肉，追求的就是神似。

所谓“甜而不腻，酸而不酷，淡而不薄”的说法，更多是理论上的，而且诉求主要来自闽人。闽都酸甜口味的菜肴很多，一盘盘历数下来，必定要把人酸到牙软，甜到舌腻。随着科学进步，传统的高脂、高糖菜肴逐渐淡出人们的餐桌。但是，就像极品闽菜佛跳墙，一直以来都在与时俱进，高档海鲜逐渐替代了禽畜肉类，绍酒的分量也在适当减少。糖醋菜肴也一样，糖可以少一点，醋也可以跟着起变化，但糖醋这个类型一定不能缺。闽菜在大众化的同时，也必须“化大众”，应该提倡专业人士来拼菜，因为除糖醋菜外，还有很多具有地域特色的菜肴可以搭配着点。糖醋菜，十人一桌两三道，六人以下一道，足矣。

那天，我还看到了厨师烹饪另一道闽菜传统佳肴——爆炒双脆。据业内人士说，福州考厨师职业资格证书，每一回都少不了这道题。它做法上讲究刀工、火候，还有调制酸甜芡汁，简直就是一道综合题，正应了一句俗语：“厨艺好不好，酸甜菜中找。”

“双脆”分别是猪腰和海蜇皮。海蜇皮前一天已经浸在清水里去咸味；批成两片、摘除臊管的猪腰，也必须在清水里浸泡两小时。猪腰剞上梳子花刀，七成深，纵向直刀，横向斜三刀切断，状若麦穗。海蜇皮则施以佛手刀法，切第五刀时断开，成五指状，和腰花大小近似。腰花入沸水汆至六七成熟，捞起置清水里，剞花纹收缩又绽开，外形俨然小刺猬一般。关火，待水温降至一半时，下海蜇皮焯水，迅速起锅。切片馒头油炸成金黄色，垫于盘底。热锅冷油，投入切好的葱、蒜、洋葱、冬笋片，煸出香气时，倒进酱油、白糖、米醋、胡椒粉、麻油、湿番薯粉调成的芡汁，其后加入沥干水分的腰花和海蜇皮，旺火里快速颠炒，一气呵成，让芡汁把食材包裹均匀。因为汆过滚水后腰花已大熟过半，海蜇原本就可生吃，焯水只是挤出过多的水分。这个过程时间宜短，否则海蜇缩水变硬，腰花也会柴涩不滑。

在食材表面各种剞花处理，使菜肴成形后的造型赏心悦目，那是数百来年的无心插柳。剞花本来目的是使成块的食材产生更多均匀的间隙，变成不分离的丝和粒，受热面积增大，在高温中短时间一汆一炸即熟，保证食材的脆嫩。不仅剞纹深浅距离、整体块型要做到均匀一致，质地不同的食材也要区别对待，这就出现了“片薄如纸，切丝如发，剞花如荔”的技艺，以此保证食材在一样的加热时间里同时成熟，并使敏锐的齿舌感觉不出差异来。常言道“厨以切为先”，食材切得好不好，决定着烹饪的难易程度。刀功是围绕着味道和口感来做文章的，在剞刀制造的间隙中，芡汁深入挺进，均匀包裹，使得食材更为入味。

爆炒双脆必须趁热食用，否则海蜇容易吐水，不仅影响口感，也影响观感。传统爆炒双脆都要在盘底铺一层炸过的干脆馒头片，以此来吸附多余的芡汁。美食厨艺产生于民间，升华于都市和宫廷。推测过去，旧时的乡厨物尽其用，把隔夜馒头切片油炸，一则吸附多余汤汁，二则也以低成本增加餐盘的分量。而今人却对浸泡了酸甜芡汁的馒头片情有独钟，一盘上桌，往往馒头片已尽，被抛弃的偏偏是主料双脆。此一时彼一时，这也是前人始料未及的事情。

闽都的糖醋菜甜中含酸，嫩里带脆，这种复合口味令人齿颊生津，胃口顿开。类似的菜肴还可以开出一溜儿的菜单来：油爆肚尖、串烧排骨、爆炒墨鱼、酸辣鱿鱼卷、冰镇鱼唇、糖醋松子鱼、白汁珠帘瓜、酸辣海葵汤、鱼唇酸辣汤……

糖醋味暧昧温吞，俨然就是个思春女子。试想一下，如果用酸甜味炆豆腐，那种全盘缠绵悱恻的极端感觉，真的会让很多人受不了。有意思的是，一代代民间巧手们显然都深谙生活中的二律背反。烹制酸甜菜时所选取的食材全是偏脆的，鸡鸭胗、猪腰、肚尖、海蜇、海葵、鱼唇等等，即便是鱼肉畜肉，也要通过油烹制造出酥脆之感，甚至不嫌烦琐进行复炸。在仿佛柔弱无骨的酸甜汤汁里，除了用胡椒粉这种不太尖锐的辛香微辣来压腥提味外，食材统统被处理成脆生生的口感，形成强烈反差，把病恹恹的、昏昏欲睡的胃口轰开，让人食欲为之一振。如此相互对抗又相互交融，应该也是闽都糖醋味菜肴经久不衰的缘由之一。

闽菜文化研究专家张厚先生讲起20世纪他在福州大酒家任副总经理时接触到的事情，满脸感慨。他告诉我，传统闽菜的酸甜最为地道，除了用酸度比高的黄米醋外，下醋时间还有讲究，是先糖后醋，菜快要装起来时醋再迅速喷下锅去，最大限度保留住酸味，菜装盘后醋酸还在挥发，走菜时一路飘香，让人嗅之生津。食不厌精，这就是好厨师必备的经验和技巧。现如今，这种看似麻烦的工匠精神和对食物的敬畏之心还能去哪里找？

闽都人为何如此喜欢以酸酸甜甜来开胃呢？

甜好理解，八闽盛产甘蔗，糖在人们生活里无处不在，自然养成喜甜口味。有人得出这样的结论：福州地处河口盆地，靠近北回归线，气候潮湿燠热，蒸笼似的湿热天气里，无精打采是胃口的常态。偏偏闽都的食材多为海味，腥膻十足。生活经验告诉我们，酸能解腥腻，甜可以醒脾胃，胡椒的辛香也振奋食欲。长期以来，闽都人把酸甜味控制得恰到好处，酸中带甜，甜里有酸，酸甜就是打开闽都人胃口的独家钥匙。

这一切，本来也可以通过各种辣椒的大军压境来搞掂，但福州地热，一味食辣，身体立马亮红灯，虚火上升，口腔溃疡，脸上长痘痘。即便川菜入闽，也只能本土化，蜕变成闽味川菜。还有，重盐之下清鲜之味都将散失，更何况屏蔽本领一流的生猛辣椒呢。

老一辈乡厨说，闽都糖醋菜做得最多最好的，首推台江。台江地处闽江岸边，旧时进城走亲戚、喝喜酒，来回坐轿翻山，乘船颠浪，酸甜和胡椒的微辣能开胃，也能锁住胃口。这会不会是闽都糖醋菜盛行的另一种缘由呢？

闽都人喜爱糖醋菜肴好像事出有因，千锤百炼之后还形成了独步一方的口碑。他乡之人若踩上这片福地乐土，不去品尝一下让人胃口大开的酸甜微辣滋味，说你没来过闽都也不为过哩。

仓促里炆出了永远

20世纪90年代以前，闽都街边没有什么便民早餐的手推车，牛奶也远没有被提升到“强壮一个民族”的战略高度。若不想自己早起煮稀饭，或者喝小店里买来的豆浆配油条什么的，鼎边糊肯定是上佳选项。街旁随处可见早餐店，甚至路边巷尾的空地上，支上一口铁锅，摆几张小小的折叠桌椅，也可自成一方天地。上班路上，花两块钱，一碗鼎边糊再配一块芋粿或一个蛎饼，整个上午便腹中有物，心头不慌了。

这是无汤不欢的闽都人迎接新一天晨曦时，喝下的第一碗汤水。

在闽都，鼎边糊这种风味小吃妇孺皆知，本地人爱吃，也都能做。闽都人有句常挂在嘴边的歇后语：“鼎边糊——

一炆就熟。”这话用来嘲笑那些善于与陌生人随便搭讪一下便熟络的人物，这种人嘴乖皮厚，常常没有自尊，让旁人从门缝里觑之。一旦当场遇着或者事后说起来，只要谁减省地来一句“鼎边糊”，旁人便会意于心，跟着鼻孔哼哼表示不屑。

和北方人对待面粉一样，南方人可以把大米做出各种花样来，鼎边糊便是用米浆制作出来的一款风味小吃。闽地闭塞，保留有许多中原汉族古语，“鼎”是煮饭炒菜用的铁锅。望文生义，鼎边糊便是在铁锅边缘烹熟的糊状食物。闽都方言里的“炆”，也属于中原古语，用微火焖煮之义，和北方烹调方法里的“烧”类似，故有“南炆北烧”的说法。

要做好鼎边糊，洗净后的籼米必须用清水浸泡一夜，浸泡时间充裕了，磨出来的米浆才会足够细腻。之后，还得准备好底汤。初夏以后，闽江里的蟟囝（一种小河蚬）壳黄肉肥，清水养着，吐沙后洗净，和水一起倒进鼎里，水滚壳开继续炆。蟟囝闭合肌不强壮，炆久了蟟肉很快便弃壳脱出，捞尽蟟囝壳，便得到一锅乳蓝色的鲜美清汤。闽都人素来恐热惧火，蟟囝清凉解毒，滋阴平肝，是闽都人防暑败火的看家利器。

当这一切准备妥帖，将铁鼎里的油烧到约七成热，把葱白、芹菜段下锅煸香，随后推入猪肉丝、黑木耳翻炒，再倒入洗净滤掉细沙的蟟囝肉和汤汁，取事先剥鳞去骨的鳀鱼干、撕碎的紫菜和虾米一并加入，盖上鼎盖。等铁鼎里汤水大滚时，用削头的番薯或红萝卜蘸食油，往汤水之上的鼎边搽一遍,然后,以小瓷碗舀米浆,沿铁锅边薄薄浇淋一圈。此时,只见黑黝黝的鼎边上,黑白灰瞬息变幻,俨然一幅幅稍纵即逝的抽象画。

下料时可要讲究,熟能生巧方才均匀一致,太薄无物,太厚不入味,厚薄不匀口感不佳。看米浆附着鼎边,稍稍有点朝下流淌,便可盖上鼎盖开始炆。

用传统的铸铁鼎炆鼎边糊最地道,铸铁鼎厚实,受热均匀,保温效果不错。由于铁鼎面糙,附着性好,火候也易于控制,米浆往鼎边一浇,很快凝固成片,不会不成形,也不至于固化后被高温烘干烤焦。

约半分钟后再揭开鼎盖,鼎边上的米浆已被烤得半熟,微微翘起边角。把米片卷铲刮起推进汤里,添一些清水,汤滚再次搽油浇淋米浆。依铁鼎大小,凭经验控制,视汤的多寡浇一定次数的米浆。要获得松软弹性,鼎边糊不宜炆得太久。最后一次火旺汤滚后,撒上芹菜叶点缀,加入虾油调味,便可出鼎了。

刚炆好的鼎边糊汤微糊而不浊,米片半卷,吃到嘴里细腻滑润,薄软绵糯,汤水有鱼蛤鲜味,吃起来清鲜爽口,令人开胃不生厌。这是福州及周边地区人人喜爱的一种风味小吃。记得 20 世纪 80 年代中期,粮店里开始有机制的袋装鼎边糊片出售,那是脱水的干货,必须提前水发后才能下鼎。方便是方便了,但与铸铁鼎炆出来相比,显然脆韧有余而绵软不足,感觉米片卷和汤水闹过别扭,彼此游离,特别不过瘾的是米香不够浓郁。

鼎边糊最默契的搭档始终是焈蛎饼、芋粿和虾酥，关于这点，闽都人妇孺咸知。它们之间的依存度很高，人们看到此必定想起彼。这三样均属于闽都地区的传统风味小吃，点心类，外观为金黄色，制作方式均以米浆为主，油烹而成。

先说焈蛎饼。十比三的籼米和黄豆，泡发后磨成浓浆，加盐搅匀。铁鼎中的油烧至七成热，将特制的微凹铁勺过油加温，舀一调羹米浆在热勺上铺底，搁上包菜、虾米、紫菜炒熟的馅料，压上几只牡蛎，再盖上米浆，把馅料包裹严实，最后在米浆上点几颗花生米，置油锅里烹炸。不一会儿工夫，蛎饼从铁勺脱落，浮上油面，轻拨翻个身，使其均匀受热，待两面呈金黄时捞出沥油。成品扁圆形，手掌心大小。入口壳酥馅松，牙齿碾碎花生米，那个香脆劲可是意外惊喜。不经意间又咬到了软软的蛎仔，那突如其来的鲜美劲呀，俨然哔的一声，炸开一朵白浪花。这种微凹铁勺酷似旧时的油灯盏，而客家人用韭菜拌米浆做出的油炸饼状食物，则叫灯盏糕。

再说芋粿。白芋捣碎，籼米磨浆，也是十比三的比例。加点泡散的紫菜和盐，反复搅拌后，把浓浆倒入垫着纱布的蒸笼里，旺火蒸透，冷却后切成约十厘米长，三角形状，下锅油炸成双面金黄。入嘴外酥内软，米非米，芋非芋，且芋香霸气。

最后来讲虾酥。也是籼米、黄豆磨浆，黄豆的比例要比蛎饼、芋粿多两成。韭菜切丁加入米浆搅匀，然后沿凹铁勺浇一圈，中间留出一个约莫一块钱硬币大小的空洞。米浆浇到过半时，嵌入几只剪去须脚的河虾，再覆盖上米浆，放入油锅中炸熟。虾酥因为黄豆浆多，咬在嘴里有点糙糙的感觉，齿舌一旦遇着了虾，脆爽中的鲜味立马被提起，味蕾捕捉到的那种痛快感觉很是奇妙。

在那些物质匮乏和不讲究美食的年代，经常是蛎饼无蛎，芋粿无芋，虾酥无虾，空有其名。现在的人讲究多，要求高，还醉心于传统的古早味，已经到了非此不足以正宗的地步。

你说，这三样香酥脆爽的油炸食物与鼎边糊配着吃，一酥一软，一干一湿，除了味美可口之外，是不是让人一整个上午都有厚实的感觉哩？

如今，这些草根小吃被“吃货”们吆喝着，已经开始在大雅之堂抛头露脸了。酒席上，有人为了充分展现闽都地域特色，主食方面常常就专点这一套组合。

一碗物美价廉的鼎边糊，难得阳春白雪和下里巴人都喜欢。1961 年，朱德在闽都品尝鼎边糊时说了这样的话：这么简单的原料，这么简便的制作，这么简化的吃法，却有这么吸引人的魅力，真叫人尝后难以忘怀。

就是这样一种童年生活的古早味，镶嵌在远处他乡的游子心里，变成一种思乡的风味小吃。在异乡，但凡听到“鼎边糊”三个字，倏忽间便感觉回到了家。20 世纪改革开放初期，许多福建籍华侨第一次回闽都，火急火燎首要解决的事情便是吃上一碗鼎边糊再配两块蛎饼、芋粿。

说鼎边糊是闽都古早味，那可是有根有据的。南台岛港头有座娘奶祖殿，殿中石碑介绍，当年汉朝大军杀入闽都，港头三位玉女为拯救黎民百姓，在闽江渡口以锅边糊慰劳汉军将士，并颂扬他们是仁义之师。汉军受到感动，没开杀戒。

同样的民间故事，闽都人更喜欢戚继光征剿倭寇的传说。明朝嘉靖年间，东南沿海经常遭倭寇侵扰。戚继光带兵入闽，受到当地百姓拥戴。有一天，戚家军行军到了闽都南郊，因为一路上打了好几个胜仗，决定在此地休整。当地乡民摆下八仙桌，要好好犒劳为民除害的将士们。众人浸米磨浆，杀鸡宰鱼，准备精制各种碗糕，还有各种鱼肉、海鲜、时蔬做菜。就在此时，快马来报，从长乐方向窜出一股倭寇。戚继光问明情况，马上集合队伍，准备前往迎寇。乡民们急了，无论如何也要让将士们吃饱了肚子去打胜仗。仓促间，有人手忙脚乱往滚开的老蛏汤里倒进切好的肉丝、木耳、虾米什么的，一股脑儿混炆成汤，再把做碗糕用的米浆贴着铁鼎边滑入料汤，结块时铲入汤锅搅拌，不消一刻钟，一锅又一锅的米片糊便炆了出来。将士不仅快快填饱了肚子，还直呼味美。

就这样手忙脚乱、阴错阳差地做出了闽都人至今都喜爱的鼎边糊。

不知当时是不是立夏，横直后来的南台岛上的人，每到立夏日都要炆鼎边糊“做夏”（过立夏节）。史料记载，立夏时节，正是隔年老蛏上市的季节，旧时是用海蛏来煮鼎边糊的。不知从什么时候开始，这鼎边糊的底汤换成了蟟囝来炊,也许是因为就地取材的便捷和物美价廉的因素吧。南台岛四周被闽江包围,江边沙滩里盛产蟟囝,底汤原料唾手可得。立夏这一天,虽说已进入农忙季节,但在南台岛,家家户户都要磨米浆、炊碗糕、炊鼎边糊,以此祈求风调雨顺、四季平安。各家炊好的鼎边糊,不光自家人吃饱喝足,乡亲邻里间还会相互赠送,共同品尝。大家像一炊就熟的鼎边糊那样,越炊越熟,彼此间的情感得以联络与修复。"金厝边银乡里",这就是闽都人传统美德的物化体现。

清人郑东廓有诗云:"栀子花开燕初雏,余寒立夏尚堪虑。明目碗糕强足笋,旧蛏买煮锅边糊。"诗里描述的就是闽都人过立夏节的情形。当时的人认为,碗糕能明目,竹笋能强足,而老蛏炊锅边糊,味道最好。

今人也有唱和之作。福州语音乐人赖董芳和林书文创作的《鼎边》,"做夏"的味道也十足:"一阵噼里啪啦,柴火街点亮,谁家起早早,蟟囝捞鲜汤,半把芹菜末,小撮咸鱼干,一线虾油下,刷油泼米浆。……鼎边香米芬芳,唤我从他乡回故乡,料是料汤是汤,噎得我哑口心慌慌……"

作为一种风味独特的小吃,难得的是,鼎边糊风靡福建沿海地区,还成为闽台两岸共同的传统美食。在同属闽东语系的福鼎,除了和福州地区一样叫鼎边糊外,也有依势象形叫米卷面的。到了南边的漳州地区叫鼎边滚,漳州再传到台湾则变成了鼎边趖。在闽南语里头,古语"滚"与"趖",都有物体往下流溢之义,都是指通过鼎边煮出来的汤水食物。

闽都的鼎边糊因时令季节不同,下鼎辅料多变。传到异地,变化就更大了,辅料多换成当地特产。漳州和台湾海鲜多,底汤的河蚬变成海蛎、鱿鱼、虾仁等,芹菜也换成了韭菜花末。配食换成了闽南人喜爱有加的卤货,如卤大肠、卤猪血、卤猪皮、卤笋干、卤蛋等等。

有一天和一位厨师闲聊起来,他道:鼎边糊汤清到一点不糊是不可能的,天然的米粉必定会析入汤中。若米片卷外形齐整,入口Q弹韧脆,那是加了不能作为食品添加剂使用的硼砂。如此都是为了迎合或蒙蔽一些涉世尚浅的"吃货",进而制造出来的好品相、好口感。还有,学生物的朋友也告诉我,由于江河污染,底层生息的淡水生物河蚬,体内重金属超标的可能性越来越大。

诚然,秀色可餐是进入美味佳肴的第一步,但它并非全部。倘若吃进肚里的美食不营养不健康,里子都没有了,还要"秀色"这面子干什么?如今的鼎边糊为什么不能清清白白的,好像非要比过去多出一点什么来?难道古早味也不能像从前一样,简简单单就一直炆到永远?

卷出人生吉祥

每一种小吃都是就地取材，可能是为了储存食材，也可能是为了改变惯常的外观和口味，甚至会在失误中将错就错，挣脱了诸多条件限制后脱颖而出，形成个性十足的食品。它们往往有数百年甚至上千年历史，保留着当地物质和风土人情信息，成为游子的乡愁识别符号。

闽南惠安县有一座古城叫崇武，地处福建东南沿海凸出部，已有六百多年建城历史。除了兜里有"中国石雕之乡""国家4A级旅游景区""中国魅力乡土民风名镇""中国最美八大海岸线之一"等名片外，崇武的小吃也颇负盛名：水丸、马鲛鱼羹、墨鱼丸、蚵仔煎、鱼签、鱼粥、肉粽、土豆仁汤、蒜蓉枝……这些小吃虽说琳琅满目，但也是泉州乃至整个闽南地区共有的。还有薯粉捏、拌薯粉、薯丸子、薯干汤，食材地域特色显著，却同时也是县城惠安的风味小吃。上面说的这些，哪儿是原产地，哪里的最好吃，坊间各说一套，彼此不买账，唯有鱼卷和猪仔粿，无论在闽南哪处上市开卖，均标榜崇武小吃，以此为地道正宗。

番薯是一种既高产又对自然环境不怎么挑剔的农作物，投入少产出多，抗灾能力强，算得上是闽地占第二位的粮食作物。惠安沿海一带可耕田地少，还夹杂着沙土地、盐碱地，土壤贫瘠赤薄，山上又多石缺土。为了活命，当地人见缝插针种番薯，不仅种得多，一日三餐里也吃得多。惠安人自嘲为“番薯县”，做菜自然离不开番薯粉。因为食物单一，就得变着花样来吃。挨过了灾年，或者粮食单产提高了，那些曾经解饥救命的食物就被民间巧手挑选出来，再历经百年蜕变，遂成正宗地方风味。

就地取材，番薯煮熟去皮捣浆，加面粉揉成面团，以此做出猪仔粿的皮。内馅是煮熟红萝卜切成的丝，拌虾米、葱段、猪肉丝和调味料，搁置冰箱冷藏“收味”。次日，用番薯面皮包裹成扇形饺子状，入锅蒸熟。刚出笼的猪仔粿，黄皮透明，粉粉的，活脱刚出生的小猪仔。咬一口在嘴，嫩滑且劲道，甜香气息满腔。喜好甜食者，亦可包入炒香后磨碎的花生与碎糖，成为餐后的可口甜点。

最能体现崇武地域特色的当数鱼卷，陆地和海洋之味在它身上天衣无缝地交融一体。鱼卷的主要食材是崇武海域盛产的蓝点马鲛鱼，或者海鳗、鲨鱼，还有精制的番薯粉，与福州鱼丸制法有类似之处。海鳗刺多，鲨鱼肉有一点让人不适的氨味，鱼卷首推用马鲛鱼。马鲛鱼在北方被称为鲅鱼，肉嫩、刺少、骨软。这种无鳞鱼肉多脂肪厚，鲜甜味美，口感软滑。它的胆固醇含量低，富含蛋白质、氨基酸和钙、铁、钠等元素。福建民间都有“山上鹧鸪獐，海里马鲛鲳”的说法。八闽沿海同样属于马鲛鱼产地，不知何故，鱼丸和鱼卷两种小吃对食材做出了不同的选择。

做法是这样的：新鲜马鲛鱼剥掉鱼皮，摘除内脏，去头剔骨，以刀刮肉成茸。鱼的鲜度是影响鱼茸凝胶形成的因素之一，鱼肉越鲜，凝胶越多，鱼茸弹性也就越强。通常，在反复搓揉鱼茸的同时，要放适量冰块降低鱼肉温度，保持其鲜美。然后，加入适量盐水和番薯粉，一斤鱼肉里一两半到二两番薯粉，起到填充、黏合作用。手揉鱼茸起胶的环节至关重要，没有五六年的经验，很难操作到位。力道太重，搓揉时间过长，会逼出鱼肉中的脂肪，使得口感粗糙滞涩；揉浆时间短了，发酵程度不够，或没有均匀地朝一个方向搅拌，鱼肉蛋白质网状结构的分子无法排列整齐并延长，鱼卷的韧性和弹性都不够。当鱼浆黏度处理到位了，再添加辅料蛋清、马蹄碎、青葱丝，搅拌均匀后，用手搓卷成擀面棍大小的圆柱状，长二十多厘米，外裹一层猪网油定形，再摆放到蒸笼里，武火炊上十五分钟便可食用了。

第一次吃鱼卷的感觉，多年以后回味起来依然鲜活。轻咬一口入嘴，软韧中筋道弹牙，那是鱼肉蛋白质凝胶和蛋清的共同作用。牙齿再遇上马蹄碎，脆爽的感觉会涟漪似的一直荡漾到心里。接下来，满嘴细滑，那是猪网油渗入鱼浆的油润。继续咀嚼下去，口腔鲜甜的余香里便带出了若有若无的葱香……

崇武家家户户都会做鱼卷。鱼卷成为人见人爱的地方风味小吃，除了和当地盛产的山海食材相关外，也摆脱不了特定的历史、海况、风俗等因素。

地处东南重要海域，崇武自古以来就是一处兵家必争的要塞。明初为抵御倭患，朝廷设千户所，派官兵常年驻守，乘船出海巡查是官兵必有的操练。因为没有冷藏保鲜器具，当地丰富的海鱼只能以盐渍糟腌，或晒成鱼干配饭。巡航时间一长，储备的军粮不仅单一乏味，常常还不够吃。相传为保家卫国捐躯的第三任世袭千户钱储，某日看到船上士兵捕捞马鲛鱼，忽发奇想，就让士兵们剔骨取肉，捣成鱼糜，再和入番薯粉，卷条蒸熟，制成军粮。这种叫鱼卷的条状鱼糜制品荤素搭配，有蛋白质有淀粉，不仅解饥，而且味道可口，好吃又长力气，保存数天甚至十几天没问题，随时可以食用，节省了生火煮饭时间。这种复合式的军粮有效提高了官兵们的战斗力，吃鱼卷打胜仗，好运常相伴。从此，鱼卷被赋予了神奇的力量。

翻查典籍资料，我们知道，明朝嘉靖末年，倭寇已被戚继光和俞大猷两位民族英雄剿灭，而番薯传入中国的时间最早也是在明万历初年，这中间隔了十几二十年。千户钱储那个年代，中国人还不知番薯为何物，更别提从番薯里提取淀粉了。但这些已经不重要，中国人的传说故事总是通过嫁接联想来呈现英雄的完美，况且当年，钱储也可能以芋子、葛藤等植物根块提炼淀粉来制作鱼卷。

与中国沿海的其他卫所一样，倭患平息之后，立地条件好的军事设施开始向城镇演变，当年驻守海防的官兵后代逐渐成为平民，大家耕海为生，安居乐业。大海无风三尺浪，喜怒无常，以讨海为生的人天天顶风钻浪，时时冒着生命危险，行船走马三分命。若遇台风来袭，风浪摧桅覆舟的事情屡屡发生。崇武有句俗话叫“出门就像丢掉，入门就像捡到”，面对生死的举重若轻，显然是一种无奈。当地人对进出平安、家人团聚尤为看重，这种心理也反映在日常习俗上，两头圆形呈长条状的军粮鱼卷便被传承下来，寄托了“头圆尾圆，长长久久”的希望。

在数百年的时光里，一代代的民间巧手对鱼卷进行了改进和优化，添加了马蹄、青葱和猪网油，把它的口感和味道调到了极致。

崇武人家的主妇没有不会做鱼卷的，只是使用的食材品质不同，手艺水平高低有别而已。同为鱼卷，富裕人家挑优质鱼，肉多粉少；寻常人家选次等鱼，多加番薯粉。20世纪60年代，食物匮乏，为了寄托心愿，有人甚至用番薯渣做成鱼卷形状来解馋。

如今，“无卷不成宴”成为崇武的一种民俗，因为鱼卷蕴含着圆满幸福的寓意，喜事年节的宴席上，鱼卷总是第一道菜，从来马虎不得。地道崇武人，常常以鱼卷这道菜来评判一桌酒席的档次和优劣。这点与福鼎的澎海羹汤颇为相似。

鱼卷可塑性强，虽说是“终极食品”，却也可以是半成品，除了炊熟后原汁原味地入口，附加的烹饪方法还能进一步激发出鱼卷潜能。鱼卷切成丝状，配以青蒜丝、西芹丝、菜椒丝和红萝卜丝，入油锅爆炒烹成五色鱼卷，味丰爽口；鱼卷也可切成约半厘米薄的斜片状，沾上少许面粉、面包粒或蛋液，入锅煎炸到黄金色，鲜香酥脆；鱼卷切成约三四厘米长，待热锅里的葱珠油煸香后，加高汤、文蛤、白萝卜，再放进鱼卷一起煮滚，最后撒葱珠，调成或酸或鲜或辣的汤品，开胃嫩滑；鱼卷还可以用作烧烤或者火锅料……同样一种食物，炊、炒、炸、煮、烤，通过后续多种烹饪方式，变化出丰富菜肴，仅此一点，在中国令人眼花缭乱的地方小吃里也是鲜见的。

如今，崇武鱼卷已跻身“中华名小吃”之列，成为中国地理标志产品和泉州市非物质文化遗产。千户钱储的后裔、崇武鱼卷的第三代传人钱瑞芳，传承了鱼卷的传统制作工艺，并改进了生产方法，微调了传统配方，将鱼卷从家庭作坊的手工制作进化为机械式的流水线生产，年加工鱼卷上千吨。因为采用现代储存保鲜措施，鱼卷品质进一步提高，产品走出了八闽，受到南方一些城市消费者的青睐。

若是到崇武旅游，没有一碗鱼卷滋润味蕾，抚今追昔里，古城的滋味显然就会缺少一点余韵。

煮就草汤当美味

二十多年前，第一次去屏南，游罢鸳鸯猕猴自然保护区后，便在古镇双溪吃晚饭。好客的朋友点了一桌菜，都是地方风味，依稀记得炒盘有茶油焖牛肝菌、魔芋糟姜爆米烧兔，主食有苦槠面、秋菊粿……丰盛的农家宴让几个人吃出了稀奇和别致。记忆深处还留下热腾腾的两碗汤——鱼腥草炖鳝鱼、败酱草煮小肠。败酱草俗名叫苦菜，身为福州人，对这一菜一草再熟悉不过了。炎夏时节，它俩可是闽都城里人清热败火的常备凉茶，替人们抵御南方湿热暑气已经不知多少年。

那是这样的两碗汤：一碗晒干的鱼腥草入菜，汤色深褐；另一碗正当时的败酱草鲜鲜地漂浮于汤面，翠绿诱人。汤刚入口时都有点怪怪的，吃过鳝鱼和小肠后，感觉很是去腻爽口，荤鲜味道里草香蒸腾。再喝，汤味层次里便显出了几种味道叠合后的厚实与悠长。

一年后，又去屏南县拍摄鸳鸯溪的电视专题片，我和一帮人在山里取景，山上山下钻了大半天，中午落脚乡镇歇息。书记是知根知底的校友，知道书生们扛机爬山辛苦，特意交代乡镇厨房用山苍子根煮了一大盆猪蹄，为大家解乏补脚力。也许是因为过了饭点，也许是因为农家猪味道特别出色，也许还因为山苍子根的奇异辛香消解了猪蹄的肥腻，总之，那可观的一大盆，连蹄带汁，被我们几个痛快地一扫而光，遗弃在盆底的只剩孤寂的山苍子根。

听人说，这样的菜肴正是屏南独特的饮食风味——药膳，不仅味美可口，还能治疗疾病，强身健体。后来晓得，如此饮食，客家菜里也有一些，譬如连城名菜涮九品，那是汀江船工祛湿驱寒的发明；譬如宁化名饮擂茶，那又是南迁路上的客家人抗御瘴气的创造；还有客家人入伏当天必吃的仙草冻，则具有生津止渴、消暑凉血的功效……

屏南是"全国民间药膳示范县""中国本草养生文化之乡"，也是"福建药膳美食名城"，街头巷尾青草药铺随处可见，人们买青草药好比买青菜一样平常，而且买了什么禽畜肉还一定会搭配什么样的青草药。在这里，炖煮药膳已然是融入每户家庭的家常便饭，人人会做的药膳饮食早就成为百姓生活的一部分。特别要说的是农村女性，她们在长辈耳濡目染下，一当上母亲便自然变成半个医生，但凡小孩有什么头疼脑热，扛起锄头上山，俨然就像进了中药铺子，采回的青草药洗净后与特定食材配伍炖煮，通过日常三餐便把身体的一些小毛小病摆平了。

坊间传说得有鼻子有眼：乡下老太太进城开了一间青草药铺，草根青叶齐上阵，三两块钱一把，起早贪黑的，没几年工夫居然买了套房。足可见，青草药在屏南这地方有多么的旺销与普及。

这里的药膳市场凭什么如此红火呢？

屏南属于福建平均海拔最高的县份，从两百米到一千五百米的海拔地形都有，森林覆盖率近百分之七十七，种质资源相当丰富，而且昼夜温差大，植物生长期长，是青草药肆意生长的王国。迄今，屏南已经发现有一千五百多种青草药资源，其中可做药膳的大约有四百余种。历史上，屏南交通闭塞，与外界隔绝，缺医少药，民间普遍靠青草药防病治病，滋补强身。

常言道：良药苦口。人但凡生病，都没什么食欲，先民就在炖煮青草药时，搭配相应的禽畜肉，以青草药入菜，做成鲜美诱人、老少咸宜的食物。如此一来，既解决了草药难入口的问题，又增补了身体营养，况且固本祛邪还是中国传统医学之精髓。这就是药食两用的屏南药膳菜品的前世。因为主客观原因都得天独厚，在屏南城乡，药膳食谱迎春风沐雨露，绽放得如山花一般灿烂。

传统上，屏南药膳融入一日三餐，日常生活里司空见惯，向来亦无文字记载，全凭祖辈言传身教，再各自采青草配剂。久而久之，逐渐形成了完整的药膳食谱，有病治病，无病强身壮体，集食用、滋补、治疗等功效于一身，成为八闽饮食园地中的奇葩。

虽说屏南药膳历史悠久，在缺医少药的年代里，靠民间青草药师的长期钻研和一代代人积累传承下来的实践经验，它曾经拯救过无数人的生命，但青草药的配伍与用量带有随意性，不仅每家每户，就是同一个人每次使用都不尽相同。在科学发展到21世纪的今天，经验再丰富也必须被科学替代，要达到治病疗效，必须分析药性，经过严格的毒理、病理和临床实验。

“没有品尝过屏南药膳，等于白来。”这是各地游客的肺腑之语，而非疾病患者的独白。这些年来，屏南的白水洋已升级为世界地质公园，蜂拥而至的游客催红了当地饮食业生意，几乎每一家酒楼都有药膳食补的菜单，街头巷尾也随处可见烹饪药膳的小吃店。

屏南旧时属福州十邑，同归闽都文化圈，它的饮食风格出不了闽都菜范畴。扁肉燕、鱼丸、荔枝肉、红糟鱼、红糟笋等一系列菜肴，与闽都菜如出一辙，甚至连独有的药膳饮食也逃不过“汤汤水水”的窠臼，端上桌的基本是汤菜。当然，这也与药膳旧时以治疗为主有关，毕竟汤汁入体最易于吸收。

在丰富餐桌的同时，屏南药膳也与外部市场接轨，悄然发生着变化。汤药似的黑褐开始变浅，咸重的口味开始变淡，植物清香凸显，菜肴色香味得到了强化。推向市场上的药膳，经过一次次筛选，除了典型的食补保健菜肴，比如金线莲蒸石蛙、铁皮石斛炖大雁、灵芝煲蛇段之类，更多的则成为一种能唤醒味蕾的地方风味饮食，青草药的加盟主要是为了增添菜肴的色香味与养生保健色彩，传统的治疗功能则日渐淡化。

屏南地处水头路尾的高山地带，历来交通不便，岭岩崎岖，这阻止了工业污染的攻城略地，生态因此一流。药膳食材地道天然，农家手法烹制，风味朴实无华，乡土气息浓郁，虽未经名厨整理加工，但这些年来，随着旅游市场的兴旺，一直在改进提升。当地朋友说，如果不是别出心裁，除了能当成菜食用的青草，基本避免青草药和禽畜肉一起烹饪，那样的话，青草药会将肉的鲜美和营养吸附到草根草叶里去，汤色浑浊，品相不佳，无论吃肉还是喝汤，滋味都不爽。

牡蒿香兔罐是阿昨酒楼的一道旺销菜品，除了肉嫩汤香，还有健胃消食、调理肠胃的辅助功效。屏南饮食协会主席阿昨向我介绍了他烹制这道菜的过程。

先将晒干的牛奶根、盐肤木和牡蒿洗净，注入清水于大锅里煎熬。全兔抹擦盐巴，以生姜、老酒腌渍二十来分钟，然后放置于草药上架好的竹箅，在草香热气中蒸至五成熟。此时白白的兔身已显微黄，稍凉后剁成大块。因为半熟兔肉已定形，切口整齐，骨头收敛，外形美观。将兔肉统统装进砖钵，再加一把牡蒿，之前熬出的草汤滤掉枝叶等碎屑注入，并盖过兔肉，加适量老酒隔水炖。旺火三十分钟，小火再慢炖上两至三个小时，如此则兔肉入味而不油腻，汤的浓淡亦恰到好处。最后，捡净牡蒿，再一块肉一罐汤，趁热从硋钵舀出来分倒进小瓷罐里上桌。

阿昨特别提醒，青草两遍复蒸，可以达到杀除兔肉膻腥的目的，并使肉味适口，草香浓郁。千万要用屏南生产的硋钵隔水细火慢炖，这样温度恒定，汤水不会蒸发，出锅时整罐汤毫无火气，汤清，味香，肉嫩。

所谓硋钵，就是闽东话里对粗陶、粗瓷器皿的统称。据《屏南县志》记载，茶酒盛于硋器，甘润顺滑，韵味绵柔，如此有活化、软化水的奇特功效。原来，屏南的瓷土含有微量元素，硋钵在密封状态下还能适度透气，这样炖煮出来的汤品自然口感温和，色香味俱佳。

说起屏南的药膳名菜，苍根猪蹄节是绕不过去的一道槛。中国民间有“以形补形”的传统文化，通俗地说就是吃什么补什么。胃痛炖猪肚，缺钙熬大骨，若是腿乏无力，那就吃猪蹄吧。二十多年前，我已经在原产地领教过它让人欲罢不能的口感和滋味。

山苍子根温肾健胃，利尿解暑，具有消除疲劳、解乏补力的效果。其根茎带有樟油，气味有尖锐奇香，屏蔽腥膻等异味功夫一流，但与其他青草药或有些食材混为一锅，不仅味浑杂还怪异，因此通常单独使用。把山苍子根剁成约十厘米长短的木段，放锅里加水煎熬。闽东语系的人把猪前蹄弯肘以下的部位叫七寸，认为此段为精华所在。同样的做法，七寸也要搁在山苍子根上熏蒸，过了此关，猪皮软糯中方显得脆爽。蒸到半熟，再改刀剁成节。其后，全部移至硋钵，舀入山苍子根煎熬出来的汤汁，加姜母、老酒和盐等调味料，先旺火烧开，然后改细火隔水慢炖。成菜后，山苍子根之味中和了猪蹄的皮下脂肪，猪蹄节脱胎换骨了一般，变得肥而不腻，汤稠味重，香气馥郁，吃起来满腔是黏稠的胶原蛋白。

阿昨告诉我，同样的食材和配料，有时药膳也会有几种烹调方法。苍根猪蹄节的另一种做法是这样的：将七寸深度焯水，除膻去味，改刀成猪蹄节，然后加姜母、老酒、盐巴腌足。在锅内的山苍子根上置一扁盆，架好竹箅，放上已经腌入味的猪蹄节，以药根之气蒸至熟透。开锅时，猪蹄下已承接了一浅盆猪蹄滴露，那可是精华所在。猪蹄节装盘上桌时，每人分上一小碗尾随来的猪蹄露。啃一口爽脆的七寸，再抿一小口猪蹄露，那种感觉光凭想象就让人喉结滑动。

青草药里那些药食同源的种类，譬如紫苏、苦菜、鱼腥草等，若应时应季，都可以新鲜入锅，增加形色和口感。在有条件的情况下，药膳还会添加适量水发目鱼、蛏干等海货增味，满足山里人对海洋的仰慕之心。炖汤时一般不放过多调味品，原汁原味才能保留草根的自然香气。姜母、老酒从来不会缺席——屏南山高水冷，这些佐料起到了祛湿驱寒的作用。

食补是为强身健体，进而抗御疾病。春季肝气旺盛，容易脾胃虚弱，养肝正当时节。鹅肉甘甜，关门草滋阴平肝，日日有疏肝解郁，山韭菜清热解毒。清香爽口，清肝明目，一碗三草炖鹅便是春季养生菜。夏季高温酷暑，湿热连连，败酱草清热败火,吸油解腻,小肠亦性寒。败酱草煮小肠气清汤纯,解毒利尿。秋季气燥,滋养肺腑为第一要务。牡蒿清热凉血,鸭子滋阴润肺抗干燥,牡蒿蒸嫩鸭时令对,食材配。冬季万物衰败,气血不足宜养肾。淫羊藿祛风除湿,羊肉补肾壮阳。温中驱寒,活血健体,淫羊藿煲羊肉自然属于冬季的食补佳肴。

药膳食补有讲究。凉补用山韭菜炖鹅、苦菜煮小肠,平补是石络藤煮猪肚,温补是牡蒿炖兔肉。补血益气首选红菇排骨,提神解困用艾叶蛋,祛寒养肾用鱼腥草鳝鱼,暖胃驱寒则离不开羊肉和米烧兔。同时也要因人而异,热者寒之,寒者热之。体质虚寒者宜温补,忌寒凉食物;体质实热者应选寒性食物,并远离辛辣等热性食物。

否极泰来,返璞归真。经历过这几十年高速发展的中国人,大概已经预感到繁华尽头的景象,开始懂得删繁就简、复归自然了。清清爽爽的屏南药膳以青草药吸油、解腻、增味,还形成特别的荤鲜草味复合香型,这是对城里人饱食大鱼大肉和各种化学添加剂后的终极抚慰。

土里结出神奇的瓜

闽地各种方言里的番薯，不知为何，一用普通话来说立马改口成了“地瓜”。仅仅是因为在土里结出的球茎外形呈瓜状，刨去皮立马咔嚓响着就能啃进嘴去？偏偏还与另一种比较鲜见的同类植物名姓撞车，便将人家冠以“白地瓜”之名——番薯表皮除了紫红便是黄褐，其肉也非红即黄，还没见过里外通体一色白的。况且，白地瓜甜爽多汁，那是水灵灵的水果好不好。

对我这种在食物匮乏年代出生的人来讲，从懂事起，地瓜就和我们这一代人的嘴关系密切。20 世纪六七十年代，国人口粮定量供应，可以填饱肚子的地瓜，在我们居住的那座闽西山城里却连杂粮也没算上，不必定量。“瓜菜代”的名单里，它算是最货真价实的果腹之物了。

那个年代，逢上夏天，围墙外的居民就会借机关大院的篮球场晒地瓜干，切片的、煮熟的、生晒的都有。遇上嘴馋，大中午觑看守瞌睡的当口，小手迅速抓一把塞进口袋，无论生熟，都能抚慰一下馋嘴。初一那年去远郊的学校农场学农，农基课老师手把手教我们种地瓜。在开荒后整成畦的山坡地，斜插上地瓜藤，一天浇一次水，几天后，看着它抽芽长叶渐渐茂盛起来。

黄皮地瓜芯偏白，破口处会沁出乳白黏汁，因为淀粉含量高，糖分少，入口粉涩噎喉，是做地瓜粉的好材料。红皮地瓜芯黄或橘红，直接蒸煮和炭烤，绵软甜糯。那些年里，饭不够地瓜凑，吃多了，口冒酸水肠胀气，屁多。

每到收获季节，县城小溪边的河埠头旁，排满直径近两米宽的大木桶，倒入机器粉碎的地瓜，于水里搅拌。有人搭架高坐木桶上，另一人舀起地瓜浆冲进竹篓架好的甩浆袋里，坐上面的人收口拧紧，挤压出水分……沉淀几个小时后，舀干水，白白的淀粉已在桶底铺了厚厚一层，一块块铲起，捏碎晒干，便是雪白的地瓜粉了。

地瓜轻轻一个转身，已然完成华丽蜕变，从而被赋予了新的价值和意义。地瓜吃多了，让人腻口呕酸反胃，地瓜粉做成的食物，却总是引诱我们的喉结上下滑动，一旦想起来，便会两颊异常，口舌生津。

夏天，只要衣袋里有几片当当响的毫子，一定会冲街边的仙草冻担子奔去，两分钱是小碗，五分钱是大碗。看卖仙草冻的人揭开木桶盖子，用笊篱从沁凉的井水里捞出墨绿色的仙草冻块，滗干水一倒，任它蹦跳着跌进瓷碗，一块块晶莹剔透、弹性十足。再盯着人家撒白糖，滴薄荷水。这期间，口里馋虫已经被灭了一次又一次。双手捧过瓷碗时，感觉喉咙口伸出无数小手，滋溜一窝蜂全滑进肚，浑身凉飕飕的，爽到了心窝里。总是意犹未尽，暗自掏一把衣袋，还有两片一分，再来一个小碗。这一回得控制住局面，不能再像猪八戒吃人参果了。先吸几块入嘴含着，舌头拨弄过瘾了，突然一顶，软滑紧实的仙草冻登时碎化成屑，宛若一群滑溜溜的小泥鳅，纷纷从齿缝闪将出去，满口腔乱窜，草香和薄荷的清凉感染全身，溽热和干渴顿消。

不知从谁那里打听到做仙草冻的方法，星期六便从圩市一毛钱买回一把仙草，在锅里熬烂，冷却后纱布一滤，再把那深褐色的黏滑稠汁煮开，冲到已经液化的地瓜粉里。一人冲，一人用饭勺往一个方向搅匀，凝结出一盆黑褐色胶状物。其后用小刀划成等距小块，再浸入冰凉的井水里。偌大一盆，邀上邻居家的孩子们，饱食一顿，狠狠过了回瘾。可惜当年找不到凉飕飕的薄荷水，和仙草冻担子的比，总是缺了点什么。

后来才知道，仙草还是一种草药，也叫凉粉草，含有丰富的可溶性多糖类物质。做成的仙草冻，各地客家人叫法也不同，叫仙人冻、仙水冻、仙人饭的都有。这种食物，依客家人的传统习俗是入伏那天才吃，这样整个夏天不会长痱子。仙草和番薯粉是强强联合，它们的食疗功效基本一致，都有清热利湿、消暑凉血、生津止渴的功效。

还记得一件事。初一那年寒假,父亲下乡搞中心工作时带上了我。结束回城,好客的农民杀了鸡,以过年的礼数欢送。主食煮粉皮至今令我记忆犹新:把芹菜、姜、葱煸香,加入鸡血、鸡内脏爆炒,舀进鸡汤再搁切成条状的野生香菇,最后投入掰碎后在热水中泡软的粉皮。热气腾腾的稠汤里,粉皮香滑味道好。

我看过农民做粉皮。把碾碎的地瓜粉融化在清水里,用肥腊肉将扁铝盘内里擦一遍,接着舀入地瓜浆,薄薄一层,摇匀恰好盖底。将铝盘放热水锅中烫,看地瓜浆固化,继而将整盘浸入滚水里,一变透明马上出锅,把固化成片的粉皮摊在长竹笪上晾晒,干后便成了一张张半透明的粉皮。

客家人的地瓜粉美食还有很多,譬如"中华名小吃"里的大卷,那是过端午节的主食。猪肉、虾米、胡萝卜、长豆角、水发香菇、切丁香葱等在油锅里爆香,倒进捣碎的豆腐,最后再浇入湿地瓜粉,翻炒到半稠时,熟透的地瓜淀粉包卷起各种食材,便可装盘。舀一调羹入口,细软滑嫩。同为"中华名小吃"的松圆子,也是把大同小异的切丁食材炒熟,起锅与豆腐、地瓜粉搅拌,捏成丸子下滚沸的汤里煮熟,吃起来松软滑润。这是客家人立春和大年初一必吃的食物,寓意新一年的日子轻轻松松。

福州市中心的乌山风景区有座先薯亭,以纪念把地瓜引种闽地的长乐侨商陈振龙。话说 16 世纪末的一天,陈振龙将功同五谷的甘薯藤绞入海船的吸水绳中,瞒过西班牙殖民统治者,冒死从吕宋岛带回福州培植。后来闽中大旱,五谷歉收，甘薯陪伴闽人度过恐怖的饥荒。福建各地方言都把这种来自番地的舶来品叫作番薯，就是镶嵌于这一历史事件上的注脚。在汉语语系里，它还被称为金薯、红薯、白薯、朱薯、山芋等等。反思起来，叫番薯一定最妥，它承载着一段特殊历史，让人对这种神奇食物敬意肃然。

地瓜属于一种既高产又环境适应力极强的农作物，投入少产出多，抗灾能力强，是我国继水稻、小麦、玉米之后的第四大粮食作物。明代以来，地瓜、玉米、土豆、花生等农作物相继传入中国，土地承载能力大大提高，这才有清代人口呈现火山喷发似的增长。如今，中国的地瓜种植面积和总产量已占世界首位。

福建沿海多侨乡，那里耕地少，所产粮食养不活更多的人，人们跨洋过海讨生活。为了活命，贫瘠旱地上广种地瓜，福清、连江诸县市把地瓜刨成细条晒干叫地瓜米，充饥果腹就靠它了，所烹制的菜也离不开地瓜粉，还因此成就了地方风味。

先人造字有意思，"羹"从羔从美。黄河流域的人主食羊肉，羊羔肉为上品，便以羔、美来会意食物味道的鲜美。西晋衣冠南渡，中原汉人怀念故土，把居住地泉州地区最大的河流命名为晋江。入闽汉人带来先进的农耕技术，也带来了中原地域的饮食文化，其中古朴的羹类烹调方法迄今保存。在晋江市名目繁多的小吃里，蚝仔羹、鲳鱼羹、马鲛鱼羹、牛肉羹、猪肉羹皆为当家花样，它们都离不开地瓜粉的包裹——淀粉的凝胶剂能锁住海鲜水分，使得肉润、味鲜、汤稠。这种羹类食物的做法，福州叫滑，莆仙叫炝。

最典型的还要数惠安县。沿海一带，土贫石多，自然条件恶劣，地瓜弥补了主粮的不足。在当地，闽南地区所有的地瓜类食品一样不缺，别人没有的它还有。

汤头透亮，漂着翠绿芫荽，嵌附于地瓜粉团上的荤素配料深浅不一，咬下一口，软弹里鲜香一层层透出，滑溜可口，柔韧有嚼头。这是惠安的薯粉捏。地瓜粉里加入五花肉、墨鱼干、鱿鱼须、丁香鱼、熟花生、花菜、鲜蒜等等，这些材料因年景或季节不同，多少不一。切细后，它们和地瓜粉一起被放进搪瓷盆，用热开水搅拌均匀，揉捏至半透明状，这时的地瓜粉团已经半熟。如果不这样下锅，外层地瓜粉遇热产生凝胶封严，滴水不渗，里面的地瓜粉永远呈白色，熟不了。把捏成团的丸子顺着锅沿下到汤里，待浮起即可食用。

这碗薯粉捏，寒冬时节吃感觉最好，稠乎乎的一股温暖通过喉管、食道，蜿蜒滑进胃里，那种感觉宛如一阕婉约派的宋词，它抚慰着五脏六腑，让人感慨生活的温暖和美好。

拌薯粉是惠安农村办婚庆、乔迁等喜事时必吃的一种食物。为了讨到好兆头，办喜事的人家，当天一大早起来就要开灶。在空埕上架起大铁鼎，烧起猛火，下油润滑鼎底，再把加入盐的地瓜粉和水搅拌好了，倒入鼎里，几个人轮换上阵，马不停蹄用木棍翻搅，只有这样，鼎底才不至于黏糊烧焦。加热后的地瓜粉浆开始是乳白色的水，慢慢成胶状。纯度高的地瓜粉凝胶效果特别出色，越搅越黏稠，越来越耗力。大约一个多小时后，地瓜粉已经变得色深透明，这时，投入炒熟的花生米和蒜叶再搅拌均匀，一锅香气四逸、口感柔韧的拌薯粉就算大功告成了。

拌薯粉可是个技术活，力气必须被约束着使用，手中的木棍匀速朝一个方向搅拌。这和打鱼丸一个道理，能使物质的分子结构排列整齐并延长，这样就产生了韧性和弹性。木棍要悬在地瓜粉中，基本不触碰到鼎底。通常由女人家站鼎操棍——男人蛮劲十足，把铁鼎捅破的倒霉事时有发生。拌薯粉虽说耗体力，却是一件快乐的活计，很有表演性。在众目围观下，几个孔武有力的女人，你上我下，说东扯西里就把事给办妥了。

在她们坐下歇息的当口，别的女人马上把黏糊糊的拌薯粉舀进碗里，给前来贺喜的宾客先填一下肚子，随后才入宴席。还得继续拌，没有几大鼎成不了大事。村里每家每户都得送上一碗，传承了数百年的意思是这样的：粘住别人的嘴，在大喜日子里，让他们没机会讲不吉利的闲话。

还有薯粉团、薯丸子、薯干汤、地瓜酒……这些惠安地瓜食品的名字里，明显烙有温饱年代的印记。在20世纪60年代自然灾害时期，省城福州也是缺鱼寡肉瓜菜代，细粮不够粗粮替。甚至有国营饮食店推出了以地瓜为主料的番薯宴，什么番薯荔枝肉、番薯注油鳗、番薯炒肉片、番薯肉片汤……清一色借其名仿其形，过一把名不符实的嘴瘾。

现在轮到说闽都宴席上的一道甜食、传统名小吃——炒肉糕了。那是闽都人端午节非吃不可的一道食物。旧时，福州一带农家娶媳妇，新妇进门第一天下厨，婆婆考的厨艺就有炒肉糕，要是这个能做好，为人媳妇也算是合格了。

炒肉糕的做法是这样的：地瓜粉和清水一比三混合成浆，再调入适量红糖，锅中猪油烧到六成热时，将粉浆倒进锅里，鼎铲朝一个方向不停翻炒，开锅后退中火再退到小火，待粉浆转色凝结，无白点，呈半透明膏状时，撒入切碎的粒状马蹄，拌匀，起锅倒入四周擦过猪油的方形容器中。其后，在表面撒上炒香的白芝麻，结冻冷却，增加韧而爽的口感。最后切块装盘，撒上炒制的花生碎、瓜子仁和椰蓉、葡萄干什么的。酒席吃到最后端上桌，夹一块入嘴，齿感绵密弹牙，马蹄粒清爽多汁，解腻醒酒一流。

全盘不见一丁点肉末，凭什么叫炒肉糕？装盘的炒肉糕晶莹透亮，细软滑润，手晃一下盘子，糕块会像肥肉似的微微颤动起来。何况，用猪油炒制，当然肉香浓郁啰！

还有，福州著名的鱼丸和肉燕，地瓜粉没有一定分量，你怎么把那肉馅包进去？你怎么把那燕皮擀到薄如纸张？地瓜粉成为福州人饮食的重要食材，福州菜对地瓜粉可是饱蘸情感。喜欢的人说福州菜用活了地瓜粉，并发挥到淋漓尽致；不喜欢的人说，福州菜肴使用地瓜粉到了喧宾夺主的田地，进而以“黏黏糊糊”相讥。

不讲地瓜粉对食材上浆挂糊，加保护膜使菜肴形体饱满而不易散碎，锁住鲜香，令肉质滑润并受热均匀；不讲菜汤勾芡，有助于减缓热量散发，使菜肴得以保温，以利进食热菜；也不讲淀粉糊化后，成就透明的胶体光泽，使菜肴色泽晶莹透亮……这里，就单讲闽菜里的海味，因为珍稀难求，即便古人也不舍暴殄天物，所以福州人吃海鲜，最常见的方法就是生灯白灼，捞一捞拌一拌，讲究原汁原味，唯恐丢失了上苍赐予的鲜美。这很像闽人手里的田黄石，不敢圆雕不敢透雕更不敢镂空，只能挖空心思，施以浅浮雕的薄意之技。

当然不会仅仅是原汁原味。在此基础上，厨师还要追求可口和变化，这时就断断少不了地瓜粉来做勾芡汁了。煸炒各种辅料，加入高汤和湿地瓜粉，制成有黏度的各种芡汁，或薄或浓，或酸甜或荤鲜，或酱色或透明，附着于白灼或焯水后稍稍颠炒即熟的食材表面，均匀包裹的芡汁，平添菜肴滋味，并使肉质更为滑腴和鲜嫩。

燕鲍翅参这类高档海鲜，在闽菜里，缺了勾芡汁基本寸步难行，譬如荷包鱼翅、翡翠珍珠鲍、八宝开乌参。还有很多菜品也必须经过勾芡方能成菜，如全折瓜、松子瓜鱼、白炒竹蛏、葱爆鱿鱼……

在闽地厨师眼里，地瓜粉黏性大，加热后晶莹透明，几乎是一种万能的烹饪食材。在中医眼中，它早就是一种不可多得的中药材。关于地瓜的食疗功效，《本草纲目》《本草纲目拾遗》等古籍中已有提及，地瓜有“补虚乏，益气力，健脾胃，强肾阴”的功效。现代科学研究也证实，地瓜使人长寿少疾，大凡长寿者，大都喜欢吃地瓜。

我们曾经以为土得掉渣的地瓜，为了活命迫不得已以之果腹的地瓜,如今成了好东西。20世纪随处可见的地瓜粉,如今市场上已经买到了二十块钱一斤,偏偏煮菜时,下了很多还不见黏稠,是不是其中又多出了什么添加剂呢?

长醉太姥做食客

在闽东霞浦以北，由于太姥山自然地理阻隔，桐山作为闽浙两省交界处的偏远蛮荒之地，古时是国家权力末梢的海防重地。乾隆四年（公元1739年），在桐山巡检司、桐山营的基础上开始设立福鼎县治，太姥山自然成为福鼎的地标。

说去太姥山，让人感觉就是去福鼎；说吃太姥菜，那显然是福鼎美食了。

福建东北部，鹫峰山的余脉东奔追海，山地、丘陵刹不住惯性，直到台湾海峡才收稳脚跟。太姥山兀立海边，海拔从海平面垂直上升到九百多米。这一带沿海，同属此类山岭忽上忽下的地形。在动车通行前，从福州到闽头浙尾的福鼎，三百公里路程，班车得开上一整天。

20世纪80年代初，我参加工作的第二年春天，和单位同事赴福鼎组稿。我们由南至北一站站慢慢绕，先到地区行署所在地宁德，再进福安，其后又拐到霞浦，共分四站抵临福鼎。当地文化馆朋友热情，工作之余，领着我们上风景地太姥山。春雾迷蒙，一直没化开，满眼灰白不见景。扫兴下山，朋友歉意连连地说，对省城来我们山区指导工作的同志，单位都有点小补贴。我们去鱼市买海鲜，回家自己煮，可以吃个痛快。堤内损失堤外补。

记得那顿晚餐有很多海鲜，黄瓜鱼清蒸，青蟹对半煎，小章鱼白灼。还有一碗拇指一般大小的白虾，沥干水分后，浇入烧酒，划支火柴点着，晃起一层浅浅的蓝焰，火灭后便活剥生吞下肚。当年可没有芥末这样的舶来品，就是剁碎生姜，捣烂蒜头，拌醋做蘸料。那顿饭，除去吃撑了肚子，印象最深的是，那里的海货在鲜香之余竟然还有一丝清甜。

后来，又一路颠簸去了一趟福鼎，没完没了的盘山路，晕车了。到达县城已是夜幕垂临，朋友看我病蔫蔫的，无精打采，执意要带我去北门消夜，吃福鼎小吃牛肉丸。临街摆上炉灶的现场，让我恹恹的情绪恢复了点兴奋。只见师傅一手抓住的盘子上粘有一坨牛肉坯，他的另一只手里握着一把调羹，有点类似琴师弹奏到高潮，忘情拨弄中，便有一坨坨牛肉飞身投入滚沸汤锅。这手艺先声夺人，超娴熟。桌前坐等时，朋友介绍道："这牛肉丸取的是后腿精肉，和福州人做肉燕皮一样，用木槌捣烂成泥，然后按比例加入淀粉、盐巴等调料，在案板上反复搓揉，直至成为韧性十足的牛肉坯。”

两碗牛肉丸端上来，近看并不是圆圆的丸子，而是不太规则的肉块，更像牛肉羹之类，清汤里有黄辣椒、生姜、大蒜和碧绿香菜。闻到飘起的酸辣味，勾起了一点食欲。舀一小块进嘴，慢慢嚼动起来，弹牙，脆爽劲十足，接下来便有了滑嫩和香辣的感觉。咬着嚼着，额上已沁出一层细汗。黄椒开始显出全方位侵略味蕾的霸道，它的辣劲咄咄逼人，似乎是磨得锋利无比的袖珍箭镞，星星点点，纷纷扎入舌面。在被辣得几乎抗拒不住之时，一股香醋味儿尾随赶到，手忙脚乱抚慰一气，整个舌面就有了冰爽沁凉的感觉，立马软化了万箭穿舌的尖锐。浑然不觉间，胃口已大开。饿极，看案桌上三角形的饺子可爱，又要了一盘。

朋友马上介绍：“这是三角饺，也叫三合饺，用糯米、籼米、粳米的米浆做皮，馅料是肉质香脆的猪颈肉，配以肥肉、香菇、虾仁、青葱什么的，再拌些白糖、酱油和少许米酒。三角饺属于前岐的传统小吃。如果能走一遭，乡下的口味会更地道。”

福鼎小吃讲究地域性，各个乡镇都有拿手绝活：管阳有泥鳅面，点头有米粉汤，白琳有萝卜鸭，还有磻溪的手打面、叠石的咸猪脚、贯岭的牛蹄筋、佳阳的猪头肉、店下的炒米粉、沙埕的海鲜面、硖门的飞蚶、嵛山的海鲜……

我这朋友，地道就是个“吃货”，而且堪称宣传队、播种机，还特有煽动性。他趁机鼓动我留下，要带我吃上十天半月，抓紧时间看能不能转一遍过来。桐江西岸有好几条美食街，各种小吃应有尽有，什么游记手打肉片、黄记馄饨王、吴记煎包、柴火锅边糊、褚记鸡翅膀、鼎康记猪肚鸡、陈记拌肉片、阿古牛肉丸、阿青大肠粉……

福鼎美食缘何如此众多？这个问题挑逗起我的好奇心。

翻阅了相关资料，发现牛皮还真不是吹的，福鼎美食业界称鼎菜，不仅福建，在全国都小有名气。2003 年以来，有一百三十六道美食获得“福建省名菜”“福建省名点”“福建省名小吃”等称号；2012 年后，被认定为“中华名菜”“中华名点”“中华名小吃”的美食有二十三道。这些数字，于一个不大的县域来说，看得人心服口服。

在八大菜系里，闽菜定型迟，深受浙菜和粤菜影响，而福鼎建县不足三百年，鼎菜里自然会有闽菜痕迹，而且同为闽东方言语系，有些菜肴、菜名都一模一样，譬如全折瓜、爆炒海蜇、肉燕、八宝芋泥等。如果说鼎菜里的酸甜有闽浙印记，那么，鼎菜喜用黄醋、黄椒和白砂糖为调料，把福州菜里微辣的白胡椒发展到黄椒，就是横空逸出的一笔，南边的福州菜、北边的杭州菜都望尘莫及呀。

看罢资料，茅塞顿开，这是由地理、区位、物产、文化等诸多因素形成的。古时，福鼎为闽浙两省间的蛮荒僻地，东面海上台山列岛附近海域是闽东渔场，尤其明清以来，此地就是移民集镇。如今，境内还留有明显的方言岛现象，闽南话、福州话甚至莆仙话、客家话都有一席之地。由于地处军事要冲，明朝在此建沙关，布兵镇守。两省间又有明矾大矿，沙关开埠通商，桐山地产的桐油、茶叶亦加入这个方阵，旧时有江西、山西、宁波等十余家会馆，商贾辐辏，服务业兴盛，加上经济、文化频繁交流，给饮食业发展带来动力。口味兼顾南北不是虚言，不少鼎菜菜肴就是通过迁徙人群、来往商旅输入交融成型的。

2000 年以后，沈海高速通车，福鼎让人抛弃了远在天边的感觉，去福鼎的次数自然多了起来。记得一次参加出版社选题会，住太姥山上玉湖宾馆，吃到松松的、酥酥的、香香的槟榔芋餐，一半以上的饭菜和槟榔芋有关：主食有香芋饭、芋饺，肉类有香芋扣肉、鸭芋汤，海鲜有小象蚌、油蛤、虾等，都可以和槟榔芋做成菜肴，还有甜点小吃挂霜芋、拔丝香芋、太极芋泥等等。

当地名厨以福鼎芋为主料，甚至可以烹制出一桌丰盛宴席。福鼎厨师做出的香芋宴，曾经被评为“中国名宴”。

以时令特产精制菜肴，就是鼎菜的独家名片。福鼎负山濒海，还有平原，气候温润，南方陆地上能长的这里几乎都有，海里能游的这里也不缺，当然，还有别处没有的山珍海味。此地物产富饶，菜肴自然不会因物匮而寡味。这山珍有了福鼎芋做代表，海味当然也不会少，都属于“天生地养”。福鼎海岸线漫长，海域面积广阔，滩涂、近海、远海的海产品非常丰富。传统菜肴“八盘五”，其中海产品为食材的占百分之七十以上，而且全部是当地自产。

鼎菜对海鲜食材产地的选择可谓挑剔，黄瓜鱼、白鳓鱼、石斑鱼、鲈鱼、目鱼、鳗鱼等要八尺门以外海域的，那里水深海阔,海货肉质好。而锯缘青蟹、跳跳鱼、血蚶、蛏子等要八尺门以内的,却是因为盐度浅口味佳。总之,哪里海货好就选用哪里的。譬如,做鱼片、鱼丸,选的都是福瑶列岛、台山列岛附近海域捕获的黄瓜鱼、鳗鱼和鮸鱼。

不论原料贵贱,过了时令季节统统不用,春季不用鲜牛肉,夏季不煮黄瓜鱼,秋季不做滩涂蛏,冬季不上蛤蜊汤。福鼎人有一句食谚:“退时凤凰不值鸡,过时黄瓜不值七星踦(一种小杂鱼)。”还有“夏鱼不过午”的说法,强调的是炎热天气里原料必须趁鲜活处理好。

无独有偶,福州方言里也有相同的俗语:“光膀子吃蛤,穿皮袄吃蟟(小河蚬)。”什么节气吃什么,是大自然的铁律,对过时过季的各种海贝,福州人通常用“烂肚”来形容,那样的东西肥腻无味似烂泥。

由于科技的发展,转基因、大棚反季节蔬菜、近海网箱养殖,以及生长素、抗生素的广泛应用,使我们用最短时间获取了丰富食材,在任意季节里几乎都能吃到过去要守候上一年的美味。然而,我们不能企图改天换地,随心所欲去安排自然规律,再通过模糊四季界限和食材丰产来满足国人一时的口腹之欲。长此以往,我们的味蕾体验将无法与古人于同一张餐桌上并论,那些源远流长的美妙滋味就会长眠于典籍,成为一种货真价实的传说。

鼎菜顺应时序和尊重自然的态度,是对中华传统饮食的一种坚守。

几年前,去福鼎商讨白茶宣传策划事宜,傍晚当地友人领我们到石湖海鲜美食街尝鲜。美食园前的街面上，一溜儿长案，下铺碎冰，上展海鲜。很多奇形怪状之物，都不是大众化品种。香螺、晶螺、笔架、虎七、海蜈蚣、土丁、海葵、白章鱼、白虾、小参鲨、鳐鱼、龙头鱼、七星鲈……朋友介绍这个我们忘掉那个，头脑实在忙不过来。拍了照片发朋友圈，有人立马追问过来：具体地点？那可是个深知底细的“吃货”呀！通常海鲜馆玻璃缸里活生生游着爬着的，那统统是养殖的。在我们这个一味追求高产养殖的市场环境里，野生的生长时间长，没喂生长剂、抗生素，滋味鲜美，当然弥足珍贵。

当晚进嘴的，自然鲜嫩味美，脆爽香甜。白葡萄酒佐餐，还有白毫银针当饮料。巧遇央视熟人来福鼎拍摄白茶纪录片，满满一桌的高朋知己。在把自己喝高之前，我记下了一道叫蟹茸澎海的羹汤菜，显然，它在闽菜的海鲜里也独树一帜。

这碗溜成糊状的羹汤里，有碾碎成丝状的蟹肉，以及切成丝的鱼肉、香菇、笋、红菜椒等。番薯粉勾芡后，再把打散的鸡蛋清慢慢浇入，搅拌均匀，最后撒上葱珠。汤鲜味醇只是第一感觉，后面还有强大文化支撑。据说当年，朱熹为避伪学之禁，从闽北绕道浙南，途经福鼎做客讲学。时值春秋之交的台风天气，那天，他和门人从太姥山前往黄岐村。奔波了一整天，又渴又饿时，终于找到一户渔民家。因天气恶劣，多日没有出海，家里仅剩几条小黄鱼，情急之下，主人将之剁成丁煮汤。朱熹喝下这碗热气腾腾的羹汤，连声叫好。

也许是碗里如海浪翻滚的色彩图形,让他联想到户外大海的汹涌波涛?也许是身处荒僻小渔村,他仍惦记着闽学未来,感慨万端?也许更简单,就是因为这碗羹汤海鲜味道浓稠醇厚,俨然排山倒海之势?横直他一时心潮逐浪,为这道应急果腹的羹汤取名"澎海"。

澎海用料讲究,除了各种海鱼,还可以换成鱼翅、海参、鱼唇等,形成澎海系列菜品。很早以前,它就是福鼎传统菜肴"八盘五"的第一道,俗称"澎海起"。通过它,外人可以判断出宴席档次的高低,如看到鱼翅、海参,便意味着价格不菲。古时学子考前都必喝一碗澎海,借此沾染朱文公文气。这道菜在福鼎菜肴中的位置,由此可见一斑。

那晚,不知是因人而醉,抑或是为菜而醉,我在毫无知觉的情况下被友人架回宾馆,一夜无话。

沉迷于福鼎美食里长醉不醒,几年时光一晃虚度了。这回,居然领到了一个任务,要去太姥山下采访福建美食名城福鼎,写一篇发自内心的美食文章。高兴里这么一激灵,往事纷至沓来,仿佛多年前坠落海底的一串珍珠,被一道亮光照得鲜活耀眼,恍如目前。

天妃的筵席

福建东南沿海，在闽东和闽南之间，由莆田、仙游两县组成的古兴化府是一个神奇的存在。莆仙人创造了科甲冠八闽的奇迹，举进士者两千四百八十二位，走出了二十一位状元和十七位宰辅，跻身中国历史上科举名城之列。

这片蕞尔之地，以其迥别于周边的个性，孑然独立于八闽，颇有地质奇观里“飞来石”的做派。与莆仙语系单独成章类似，闽菜家族里的莆仙菜系也自成一格。当然，它与南北沿海多少也还是有过一些交集，譬如莆仙菜里的荔枝肉、酸辣鱿鱼汤、土笋冻、海蛎煎，这些菜名和福州菜、闽南菜不仅相同，甚至连做法也几乎一致。

过去，吃莆仙菜时不在意，印象里好像没有什么让人铭刻于心的菜品，笼统感觉温和天然，滋味均有。这一回较真起来,找莆仙大厨一聊,和想象中的竟相差甚远,还让人大跌眼镜。你看看莆仙这些知名美食的菜名:江口卤面、兴化炒米粉、忠门焖豆腐、仙游温汤羊肉、西天尾扁食、天九湾炝肉、十字街煎包……全是地产食材加烹调方法的组合,菜名直呼其名,朴素得好似村姑。

这让我想起一件旧事。20 世纪 80 年代,我常去莆田公干。一位刚从部队复员回来的朋友,非常讲礼数,时常强拽我到家里吃饭。他租住大杂院,门前走廊上摆着煤油炉和电炉,锅碗瓢盆摊开在旁边的长条椅上。记忆犹新的是,看他在一片杂乱里手脚不停煮卤面。先把葱珠在铁锅的温油里熬至金黄,香气四溢时,锅已烧旺,把泡软切碎的鱿鱼干、虾干倒入翻炒、煸香,再下切丝瘦肉、香菇、胡萝卜、蒜头、韭菜等。这时,另一台炉上白煮的蛏子和花蛤已经滚锅,他滤出汤汁,倒入炒锅,再剥出蛏蛤肉添到汤里。大火滚锅后,铺上生面,盖上锅盖,收敛火势慢卤。

莆仙话里的"卤",其实是"焖"的意思,以干鲜海产、猪肉丝等熬煮出的鲜汤来慢慢焖烩生面,让辅料精华滋味全都渗透进面条里,使味道丰厚多元。当卤面收汁时,再投入当地的小海蛎,撒上青菜叶、香菜,稍稍搅拌均匀即出锅。

朋友告诉我,莆仙卤面以江口最为地道正宗。古时江口是南来北往的驿站,北方人爱吃猪肉煮面条,当地人喜好海鲜,众口难调。饮食店家干脆把两类东西统统烩在一起,山海协作,煮成一大锅,岂料大受食客青睐。

莆仙卤面讲究汤与面的比例,必须恰到好处,水多则面烂，水少则面芯夹生。厨艺好的人，善于控制火候，可以令卤面熟时看似有汤，打捞起来却不见汤水流下，这就是卤面最佳的状态。

这样的手法做出来的卤面，肯定和北方那些著名面条走的路线迥异，不可能一根根牛筋似的弹韧和劲道，也咀嚼不出太多的麦香来，就是显得温吞软糯，味道却非常丰富可口。正是借用了这面条的松软，山海之味才被统统吸附进去，根根入味，条条出彩，焖卤出有别于北方面食的滋味。

那天，卤面是他下锅的最后一道菜。端上桌，立马催我落座。他道："出锅的面还会继续收汁变稠，趁热吃，口感最好。"从他嘴里我还知道，江口卤面要用文蛤和筒骨熬制的高汤，这样能让汤底浓郁醇厚，同时又不失鲜美清甜。当地有个说法：没有蚕豆就不算江口卤面。江口蚕豆绵软香醇，蚕豆析出的粉质像芡汁一样包裹面条，能使入口的卤面更加滑爽有味。

卤面是莆仙人家家户户都会做的食物，也是酒桌上必不可少的一道主菜，莆田因此有了"卤面之城"的美誉。

相似做法还体现在炒兴化粉、焖豆腐等菜肴上，统而言之一句话，辅料众多，先煸香再入高汤，通过多味复合一体，来达到主食味道的丰美。

朋友琢磨过家乡饮食，还梳理出自己的结论。吃饭时，他自嘲着说："千万不敢和别处的菜比，莆仙菜都是家常菜，谈不上精致，不偏甜也不偏酸，调味料用得很中庸，既没有福州的酸甜味和红糟香，也无闽南的沙茶和咖喱，更别想吃到闽西北红辣椒的咸香。我们这里的菜,从来都是乡野气味,朴素自然,注重味道,甚至不太在意外表形式。”

这一切,和莆仙地域人多、田少、地贫有关。这里的人生存压力大,危机感强,一生勤劳、简朴和苦读,靠耕读传家走出了很多青史留名的人物,从来就没把太多的精力花在吃喝上头。历史还留下过这样一个经典故事,宋代曾有皇帝疑惑莆仙地域因何人才辈出,有人如实答曰:“地瘦栽松柏,家贫子读书。”其实,莆仙菜的形成,应该还有关键的一点,兴化湾的海风沿着木兰溪往山里吹,吹着吹着,风不咸了,水也淡了。莆仙地界上,山海物产富饶,有了各种滋味,天然去雕饰也就自成了风味。

我对莆仙菜的认知,基本缘起于这位朋友陆续不断的推介。

许多年以后的一天,在莆田湄洲岛采风,第一次听说有妈祖宴菜,当即让人联系宴菜的创始人——国家级闽菜烹饪大师关先生,并专程去拜访他。

在前人基础上,关先生与中华妈祖文化研究协会合作,根据妈祖故乡的饮食风味,再结合宫廷供品和民间供品特色,经过推敲、斟酌,推出妈祖筵席十三道菜品,每一道菜肴都和妈祖的封号、典故或传说相关。它们是:恩泽寰宇、惠普慈航、永葆祥和、三阳开泰、福佑群生、妈祖寿面、镇海平番、曙海祥云、圣灵之光、醉恋原乡、富贵康宁、天妃赐子、安澜利运。

而今,妈祖筵席已被列入莆田市非物质文化遗产名录,

2009年被中国烹饪协会评为“中国名宴”，其菜品在中、加、美国际烹饪技术交流大赛中荣膺“国际烹饪金奖”。

妈祖是北宋时期湄洲屿的一位渔家女，叫林默娘，救难献身后，乡人感其生前行善济人、扶危救难的恩德，在湄洲屿立庙祠之。妈祖被奉为“天妃”“天后”“天上圣母”“海上女神”等，成为历代涉水行船之人共同信奉的海上保护神。

妈祖宴菜已有三百年以上的历史。清康熙五十九年（公元1720年），妈祖被正式列入春秋祀典，从此，妈祖祭典按周代古礼，享少牢之祭，以全猪、全羊、五果、六斋、鸡鸭、海鲜为主要供品。每次祭典仪式后，留下大量供品，妈祖庙便请当地有名的厨师，以供品为食材，巧妙地烹煮出一桌桌丰盛的筵席，分福信众，使大家都能得到妈祖庇佑，达到人神共娱、人神共乐、人神共谐、人神共享的目的。民间把这一传统习俗称为“吃福余”。

不知道三百多年前是先有莆仙菜系，还是因为吃福余而后产生了妈祖筵席。但来自民间，整合、提升于庙堂，再返回千家万户，符合每一种菜系生成的客观规律。这十三道菜均取材于莆仙本地食材：湄屿紫菜、江口溢蛏、南日鲍鱼、哆头土笋冻、平海螃蟹、埭头海苔、东圳溪虾、忠门豆腐、仙游温汤羊肉、莆田黑猪……一个都不能少，而且是以莆仙人一向喜爱的风味烹煮出来的。下面，我们在纸上挑几道出来品味一番。

“惠普慈航”，说的是一道黄瓜鱼做成的菜肴。通常，闽地烹制海鱼，鱼多为侧卧盘中。莆仙的做法独树一帜，改刀后的鱼腹两侧摊开，撑立于腰形盘里，翘首挺尾，形似一艘满载而归的福船。讲究的话，再用跳跳鱼点缀成船桨，就更有碧海行船的意思了。清蒸和油炸后，淋上西红柿酱汁或勾芡汁均可，吃时扒下两侧鱼肉，避免了翻鱼的不吉利。“惠普慈航”四字，源自1867年妈祖神佑册封琉球使者平安归来，同治皇帝御赐福州南台天后宫的匾额。

过去，红烧肉在中国农村可是一年一度登场的荤香之物，莆仙一带称之为滚肉。20世纪60年代“农业学大寨”，“双抢”后生产队杀猪改善生活，大家腹空无物，皆觊觎耐饥扛饿的肥肉。五花肉切得一般大小，于锅内搅拌翻滚，肥瘦相间，分配时一勺下去，无法挑肥拣瘦，公平公道。装盘时肉块微微颤动，滚动的余韵犹在。以往，在莆仙地域，滚肉可是一道有地位的大菜，婚宴中鞭炮响起后端上桌，这时新娘子才能向长辈讨要红包，和福州的太平燕有神似之处。

滚肉卤制收汁装盘，地理标志产品南日鲍洗净去壳，加入卤汁，大火烧开转小火煨五分钟捞起，铺摆于滚肉上，再浇上卤汁便成菜品。土猪肉的松弹细腻，鲍鱼肉的脆韧爽滑，除一流口感外，还有山海之味的彼此交融。

去壳鲍鱼造型颇似元宝，“元宝”谐音“永葆”，“鲍”亦谐音“葆”，这道菜取名“永葆祥和”，寓意妈祖保佑普天下人家永远和睦幸福、生活美满。

“三阳开泰”这道菜名，“阳”通“羊”，以汉文化里的吉利之语，寓意妈祖给人们带来好运。这道菜的源头出在明代某个冬天，仙游一户人家宰好山羊准备祭祀妈祖，忽传倭寇来犯消息。慌慌张张里，将锅里煮着的全羊，连同热汤一起倒进木桶，盖好藏入柴草堆里。一天后，倭寇退走，一家人又累又饿回到家，翻出那头羊，顾不上生熟与冷热，用刀切块充饥。食后发现肉质烂而不化，鲜美细嫩，毫无腥膻。从此，温汤羊肉的做法风靡一方。

过去的清水温汤，如今加入了红枣、枸杞、生姜等二十多味中草药，除了去除腥膻，也提升了羊肉的香味，彰显养生功效。羊脖和羊肋处的肉最为可口，前者因吃草时伸缩运动而肉活，后者皮嫩，肥瘦肉搭配适宜。切薄片放入冰箱稍微冷藏，让已经煮得烂熟的羊肉紧结，羊皮弹脆，佐以芫荽、姜片、蒜末、香醋、酱油调配的蘸料，入嘴软嫩清鲜，醇香有嚼头。在西北名震天下的羊肉吃法外，另辟一条蹊径。

涵江有一道传统名菜叫“炒八素”，让人匪夷所思的是，“八素”却是八荤。这里有个故事，清乾隆年间，涵江妈祖庙每次操办妈祖筵席，厨师都会用全套猪内脏炒制一道菜。一次，管理妈祖庙的禅师实在经受不住香气诱惑，品尝了一口，从此难挡美味。怕传出去让人闲话，便给这道菜起了个雅名“炒八素”。

发展到今天，“八素”已不一味拘泥于猪内脏，除猪肚必不可少，猪心、猪腰、猪舌头、猪肠这些食材已经被海参、鱿鱼、虾仁等海货替代。1737 年，妈祖保佑清军顺利渡过台湾海峡，乾隆赐予妈祖“福佑群生”封号。在妈祖筵席里，这道菜就叫“福佑群生”，“参”谐音“生”和“升”，“八素”泛指群生，祈愿大家步步高升。

莆仙民间有个习俗,孩子发育时都要吃“滴露鸭”补身体。菜是这样做成的:锅底放一只碗,搁上个竹箅,掏净腹的红鼻番鸭焯水后抹盐,封紧锅盖隔水干蒸一个小时,取出那小半碗像露珠似的点点滴滴收集起来的汤汁,以之拌面下肚,这样就等于吃进了一整头鸭子的精华。扒开的鸭肉,能吃多少算多少。如今的酒席,同样制作出来的番鸭脱骨切片,并将块状鸭血铺展其上,倒入“滴露”再次隔水蒸一遍,鸭血吸收了油花,细嫩爽滑,鸭肉鲜香不腻,透而不柴。

传说郑和下西洋时,从南洋引进了红鼻鸭,顺利返程时,到湄洲妈祖庙,以这种南洋鸭子当祭品,酬谢妈祖显灵,庇佑航行。在妈祖筵席里,这道菜取名“镇海平番”,以“番”代指外敌,吃了这道菜,航程平安,海寇消遁。

妈祖筵席没有最终定型,还在继续细化和丰富,已经有了分门别类的妈祖平安宴、妈祖喜宴、妈祖家宴、妈祖素宴四种,涵盖各种类型的活动。世界上妈祖行宫有一万多座,妈祖信众近三亿,遍布四十一个国家和地区,湄洲妈祖祖庙每年都要迎接近百万妈祖信众前来进香,影响面极大,这正是推广和提升莆仙菜系的契机。

让更多人品味到闽菜里的这样一种特殊滋味,显然只是时间问题。

后记

此前，对饮食及其文化，不见特别兴趣，什么都可以进嘴下肚，却不是地道“吃货”，也不热衷于追问烹煮之技，实在是没有积累多少这方面的知识。我出生于 20 世纪饥饿年代，与生俱来，吃饱充实便是人生面对的第一课题，对入嘴的解饥之物从不挑剔，也无特别禁忌。偶然的一个机会，使我介入这套饮食丛书的写作当中。接触伊始，我就对这本书的文化要求兴趣十足，它不属于菜谱或者菜肴做法之类中规中矩的书籍，注重烹饪技巧的准确与方方面面的均衡；它推崇的是每一道饮食背后的技艺、乡情和故事，要的是地域性，要的是接地气，要的是文化现象笼罩下的饮食内容。这显然能全方位调动起我的人生阅历。然而，一旦动起笔来方知难度大，其间有太多的疑惑和未知必须去找答案。

一些朋友得知我在为这样的事情伤脑筋时，主动帮我充实修正内容，提供并联络采访对象。这样的支持多了，让我开始从容、淡定起来。我确定了有意思、有味道且和自己也有情感牵挂的闽地具体饮食内容，并在个人的认知范围内尽可能圆满完善，使之多少与全面性、系统性挂上点钩，尽量把八闽大地的饮食或多或少都涉及，兼顾全局。除了调动生活储备积累，重现那些曾经经历过的人与事，以及从书籍里学到并理解的知识，很多细节和过程都想穷究，这就必须采访知情者或当事人。近两年的时间里，利用空余时间，等到了好心情，边体验边采访边调整，对从大厨们那里收获来的感性经验，想知其然进而知其所以然，还必须找食品科学博士求证，找营养专家解惑，在没有什么压力的情况下，总算是把这本书写完了。

在这本书脱稿付梓之际，必须提到对中华饮食颇有见地的作家崔岱远先生，他是这套书的发起人。此前专门读过他的《京味儿》，被其渊博的历史文化知识和严谨的治学精神折服。书里的京城饮食生动异常，一道寻常食物，他能从古讲到今，从宫廷来到民间，在时间和空间的推进中，抽丝剥茧似的展现深厚的文化底蕴。经他引经据典的身份考据之后，日常饮食便有了它的今生前世，让人于细微处感受到博大精深的中华饮食文化。还得说到的是，福建省炎黄文化研究会和福建省作协长达十一年的“走进”系列采风活动，因为采写的都是全省各县市区的政治、经济、文化内容，时常会涉及地方美食。而对这类选题，很多作家都情有独钟。得知我手头领下的写作任务后，他们常常主动割爱，把涉及饮食的题材让与我承担。特别要说的是，老作家何英女士，甚至在事后与我对换写作选题，还向我介绍她所熟悉的客家菜肴。当下，名店大厨们的工作都很繁忙，基本没空闲和心情搭理一个老问为什么的陌生人。有了这样的支持，我的一部分采访就变成了一种公务，而不属于私下里的个体行为，因此变得轻车熟路，事半功倍，为这本书的完稿加了油提了速。

在整个采访过程中，闽菜文化研究专家张厚先生、烹饪大师杨伟华先生、宣和一味的掌门人陈实先生，以及闽地一些地方小吃的传承人，都尽其所能地解答了我没完没了的关于烹饪的问题，在此表示衷心感谢。最后，还要提到出版社的成华老师，从写作提纲出来开始，她就一直给我引导与鼓励，她与责编刁俊娅费神费心的指点和精心编辑，避免了这本书可能出现的瑕疵，使之更为赏心悦目。

这本书写的不是闽菜的美食地图和图谱，只是我个人对闽菜的一些感觉和理解，以及对中华饮食未来发展的一些担忧。对于闽菜，我才刚刚以自己的方式踩入门槛，书中倘若出现遗珠之憾、挂一漏万之处，还请各路方家指正。希望这本书能起到抛砖引玉的作用，使那些业内人士和关注八闽美食的人都参与进来，去发掘更多八闽古早味背后的故事和文化内容，为修缮中华饮食文化的摩天大厦添砖加瓦。

2020.9　闽都北山姆小镇